下

Mathematics

數 學

2e

楊精松・莊紹容・趙　文・劉榮賴

國家圖書館出版品預行編目資料

數學 / 楊精松等編著. -- 2 版. -- 臺北市：臺灣東華, 2021.07

216 面 ; 19x26 公分

ISBN 978-986-5522-18-6（上冊：平裝）. --
ISBN 978-986-5522-19-3（下冊：平裝）

1. 數學

310　　　　　　　　　　　　　　109013026

數學　下冊

編 著 者	楊精松, 莊紹容, 趙文, 劉榮賴
發 行 人	陳錦煌
出 版 者	臺灣東華書局股份有限公司
地　　址	臺北市重慶南路一段一四七號三樓
電　　話	(02) 2311-4027
傳　　真	(02) 2311-6615
劃撥帳號	00064813
網　　址	www.tunghua.com.tw
讀者服務	service@tunghua.com.tw
門　　市	臺北市重慶南路一段一四七號一樓
電　　話	(02) 2371-9320

2025 24 23 22 21　TS　5 4 3 2 1

ISBN　　978-986-5522-19-3

版權所有・翻印必究

編輯大意

一、本書係依據教育部最新頒佈之五年制專科學校數學課程標準，予以重新整合，編輯而成．

二、本書共分為上、下兩冊，可供五年制商管類學校每週三小時，一學年講授之用．

三、本書旨在提供學生基本的數學知識，使學生具有運用數學的能力，且每一章節均附有隨堂練習，以增加學生的學習成效．

四、本書編寫著重從實例出發，使學生先有具體的概念，再做理論的推演，互相印證，以便達到由淺入深，循序漸進的功效．

五、本書雖經編者精心編著，惟謬誤之處在所難免，尚祈學者先進大力斧正，以匡不逮．

六、本書得以順利完成，要感謝東華書局董事卓劉慶弟女士的鼓勵與支持，並承蒙編輯部全體同仁的鼎力相助，在此一併致謝．

目 次

第 9 章　三角函數　　1

　9-1　銳角的三角函數　　2
　9-2　特別角的三角函數　　7
　9-3　廣義角的三角函數　　10
　9-4　弧度　　24
　9-5　三角函數的圖形　　29
　9-6　正弦定理與餘弦定理　　37
　9-7　三角測量　　43
　9-8　和角公式　　52
　9-9　倍角與半角公式、和與積互化公式　　60

第 10 章　向量　　67

　10-1　平面直角坐標系　　68
　10-2　向量的定義與性質　　71
　10-3　向量的內積　　80

第 11 章　圓與直線　　89

　11-1　圓的方程式　　90
　11-2　圓與直線的關係　　97

第 12 章　排列與組合　　103

　12-1　樹形圖　　104

12-2	加法原理與乘法原理	107
12-3	排列	111
12-4	組合	122
12-5	二項式定理	132

第 13 章　機率與統計　　137

13-1	隨機實驗、樣本空間與事件	138
13-2	機率的定義與基本定理	145
13-3	條件機率	152
13-4	數學期望值	160
13-5	資料整理與圖表製作	164
13-6	集中量數	173
13-7	離差量數	177

附表	182
習題答案	191
索引	207

9 三角函數

本章學習目標

9-1　銳角的三角函數

9-2　特別角的三角函數

9-3　廣義角的三角函數

9-4　弧　度

9-5　三角函數的圖形

9-6　正弦定理與餘弦定理

9-7　三角測量

9-8　和角公式

9-9　倍角與半角公式、和與積互化公式

9-1 銳角的三角函數

初等函數含有<u>正弦</u>、<u>餘弦</u>、<u>正切</u>、<u>餘切</u>、<u>正割</u>及<u>餘割</u>等的三角函數，並得到一些基本關係式．現在，我們先將這些函數的定義敘述一下．設 △ABC 為一個直角三角形，如圖 9-1 所示，其中 ∠C 是直角，$\overline{AB}$ 是斜邊，兩股 $\overline{BC}$ 與 $\overline{AC}$ 分別是 ∠B 的鄰邊與對邊，我們定義：

$$\angle B \text{ 的正弦} = \sin B = \frac{\text{對邊}}{\text{斜邊}} = \frac{\overline{AC}}{\overline{AB}}$$

$$\angle B \text{ 的餘弦} = \cos B = \frac{\text{鄰邊}}{\text{斜邊}} = \frac{\overline{BC}}{\overline{AB}}$$

$$\angle B \text{ 的正切} = \tan B = \frac{\text{對邊}}{\text{鄰邊}} = \frac{\overline{AC}}{\overline{BC}}$$

$$\angle B \text{ 的餘切} = \cot B = \frac{\text{鄰邊}}{\text{對邊}} = \frac{\overline{BC}}{\overline{AC}}$$

$$\angle B \text{ 的正割} = \sec B = \frac{\text{斜邊}}{\text{鄰邊}} = \frac{\overline{AB}}{\overline{BC}}$$

$$\angle B \text{ 的餘割} = \csc B = \frac{\text{斜邊}}{\text{對邊}} = \frac{\overline{AB}}{\overline{AC}}$$

如果已知一個角的三角函數值，即使我們不知道此角的度數，也可以求出其他的三角函數值．

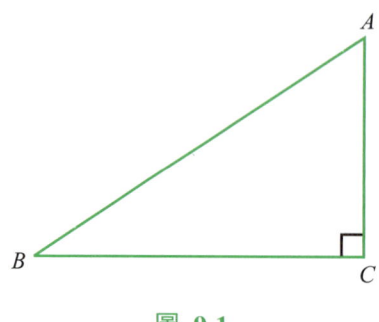

圖 9-1

【例題1】 設 $\angle A$ 為銳角，且 $\sin A = \dfrac{24}{25}$，試求 $\angle A$ 的其他三角函數值.

【解】 作一直角三角形，使斜邊長為 $\overline{AB}=25$，一股長 $\overline{BC}=24$，利用商高定理知

$$\overline{AC}=\sqrt{\overline{AB}^2-\overline{BC}^2}=\sqrt{(25)^2-(24)^2}=7$$

滿足 $\sin A = \dfrac{\overline{BC}}{\overline{AB}} = \dfrac{24}{25}$

其他三角函數值為

$$\cos A = \dfrac{\overline{AC}}{\overline{AB}} = \dfrac{7}{25}$$

$$\tan A = \dfrac{\overline{BC}}{\overline{AC}} = \dfrac{24}{7}$$

$$\cot A = \dfrac{\overline{AC}}{\overline{BC}} = \dfrac{7}{24}$$

$$\sec A = \dfrac{\overline{AB}}{\overline{AC}} = \dfrac{25}{7}$$

$$\csc A = \dfrac{\overline{AB}}{\overline{BC}} = \dfrac{25}{24}.$$

如圖 9-2 所示.

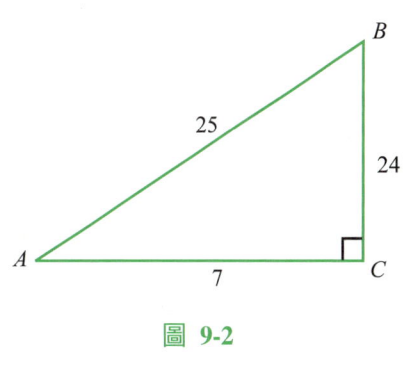

圖 9-2

隨堂練習1 設 $\sin\theta = \dfrac{3}{5}$，試求 θ 的其他三角函數值.

答案：$\cos\theta = \dfrac{4}{5}$，$\tan\theta = \dfrac{3}{4}$，$\cot\theta = \dfrac{4}{3}$，$\sec\theta = \dfrac{5}{4}$，$\csc\theta = \dfrac{5}{3}$.

【例題2】 $\triangle ABC$ 中，$\angle C = 90°$，$\sin B = \dfrac{1}{\sqrt{5}}$，若 $\overline{AC}=2$，求

(1) $\overline{AB}$，$\overline{BC}$

(2) $\cos B$，$\tan B$

【解】　作一直角三角形，使 $\angle C = 90°$，$\overline{AC} = 2$.（如圖 9-3 所示）

(1) $\sin B = \dfrac{1}{\sqrt{5}} = \dfrac{\overline{AC}}{\overline{AB}} = \dfrac{2}{\overline{AB}}$，故 $\overline{AB} = 2\sqrt{5}$.

由商高定理知

$$\overline{BC} = \sqrt{\overline{AB}^2 - \overline{AC}^2} = \sqrt{(2\sqrt{5})^2 - 2^2}$$
$$= \sqrt{20 - 4} = \sqrt{16} = 4$$

(2) $\cos B = \dfrac{\overline{BC}}{\overline{AB}} = \dfrac{4}{2\sqrt{5}} = \dfrac{2}{\sqrt{5}} = \dfrac{2\sqrt{5}}{5}$,

$\tan B = \dfrac{\overline{AC}}{\overline{BC}} = \dfrac{1}{2}$.

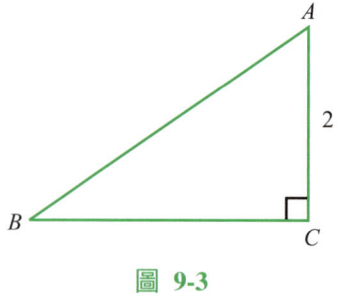

圖 9-3

其次，我們列出三角函數之間的一些關係式：

1. 倒數關係式：

$$\dfrac{1}{\sin \theta} = \csc \theta \qquad \dfrac{1}{\cos \theta} = \sec \theta$$

$$\dfrac{1}{\tan \theta} = \cot \theta \qquad \dfrac{1}{\cot \theta} = \tan \theta$$

$$\dfrac{1}{\sec \theta} = \cos \theta \qquad \dfrac{1}{\csc \theta} = \sin \theta$$

2. 商數關係式：

$$\tan \theta = \dfrac{\sin \theta}{\cos \theta} \qquad \cot \theta = \dfrac{\cos \theta}{\sin \theta}$$

3. 餘角關係式：

$$\sin(90° - \theta) = \cos \theta$$
$$\cos(90° - \theta) = \sin \theta$$
$$\tan(90° - \theta) = \cot \theta$$
$$\cot(90° - \theta) = \tan \theta$$
$$\sec(90° - \theta) = \csc \theta$$
$$\csc(90° - \theta) = \sec \theta$$

4. 平方關係式：

$$\sin^2\theta + \cos^2\theta = 1$$
$$1 + \tan^2\theta = \sec^2\theta$$
$$1 + \cot^2\theta = \csc^2\theta$$

【例題 3】 設 θ 為銳角，且 $\sin\theta + \cos\theta = \sqrt{2}$，求

(1) $\sin\theta \times \cos\theta$ (2) $\sin\theta - \cos\theta$

(3) $\tan\theta + \cot\theta$ (4) $\sec\theta + \csc\theta$

【解】 (1) $(\sin\theta + \cos\theta)^2 = 2 = \sin^2\theta + 2\sin\theta \times \cos\theta + \cos^2\theta$

$$= 1 + 2\sin\theta \times \cos\theta \Rightarrow \sin\theta \times \cos\theta = \frac{1}{2}.$$

(2) $(\sin\theta - \cos\theta)^2 = \sin^2\theta - 2\sin\theta \times \cos\theta + \cos^2\theta = 1 - 2 \cdot \frac{1}{2} = 0.$

(3) $\tan\theta + \cot\theta = \dfrac{\sin\theta}{\cos\theta} + \dfrac{\cos\theta}{\sin\theta} = \dfrac{\sin^2\theta + \cos^2\theta}{\cos\theta\sin\theta} = \dfrac{1}{\frac{1}{2}} = 2.$

(4) $\sec\theta + \csc\theta = \dfrac{1}{\cos\theta} + \dfrac{1}{\sin\theta} = \dfrac{\sin\theta + \cos\theta}{\cos\theta\sin\theta} = \dfrac{\sqrt{2}}{\frac{1}{2}} = 2\sqrt{2}.$ ■

【例題 4】 設 $\sin\theta + \sin^2\theta = 1$，試求 $\cos^2\theta + \cos^4\theta$ 之值。

【解】 $\sin\theta + \sin^2\theta = 1 \Rightarrow \sin\theta = 1 - \sin^2\theta = \cos^2\theta$

故 $\cos^2\theta + \cos^4\theta = \cos^2\theta + (\cos^2\theta)^2 = \cos^2\theta + (\sin\theta)^2$

$$= \cos^2\theta + \sin^2\theta = 1.$$ ■

【例題 5】 試證：$\tan\theta + \cot\theta = \sec\theta\csc\theta.$

【解】 $\tan\theta + \cot\theta = \dfrac{\sin\theta}{\cos\theta} + \dfrac{\cos\theta}{\sin\theta} = \dfrac{\sin^2\theta + \cos^2\theta}{\sin\theta\cos\theta}$

$$= \dfrac{1}{\sin\theta\cos\theta} = \dfrac{1}{\cos\theta} \cdot \dfrac{1}{\sin\theta}$$

$$= \sec\theta\csc\theta.$$ ■

6　數學（下）

隨堂練習 2　設 θ 為銳角，且 $\tan\theta=\dfrac{3}{4}$，試求 $\dfrac{\sin\theta}{1-\cot\theta}+\dfrac{\cos\theta}{1-\tan\theta}$ 之值.

　　答案：$\dfrac{7}{5}$.

隨堂練習 3　試求 $(1-\tan^4\theta)\cos^2\theta+\tan^2\theta$ 之值.

　　答案：1.

習題 9-1

1. 已知 $\cos\theta=\dfrac{1}{2}$，且 θ 為銳角，求 θ 角的其他三角函數值.

2. 設 θ 為銳角，$\tan\theta=2\sqrt{2}$，試求 θ 的其餘五個三角函數值.

3. 試證：$\dfrac{\cos\theta\tan\theta+\sin\theta}{\tan\theta}=2\cos\theta$.

4. 設 $\sin\theta-\cos\theta=\dfrac{1}{2}$，且 θ 為銳角，求下列各值.
   (1) $\sin\theta\cos\theta$
   (2) $\sin\theta+\cos\theta$
   (3) $\tan\theta+\cot\theta$

5. 設 $\tan\theta+\cot\theta=3$，且 θ 為銳角，求下列各值.
   (1) $\sin\theta\cos\theta$
   (2) $\sin\theta+\cos\theta$

6. 設 θ 為銳角，試用 $\tan\theta$ 表示 $\sin\theta$ 及 $\cos\theta$.

7. 試化簡下列各式.
   (1) $(\sin\theta+\cos\theta)^2+(\sin\theta-\cos\theta)^2$
   (2) $(\tan\theta+\cot\theta)^2-(\tan\theta-\cot\theta)^2$
   (3) $(1-\tan^4\theta)\cos^2\theta+\tan^2\theta$

試證下列各恆等式.

8. $(\sec\theta - \tan\theta)^2 = \dfrac{1-\sin\theta}{1+\sin\theta}$

9. $\dfrac{\sin\theta}{1+\cos\theta} + \dfrac{1+\cos\theta}{\sin\theta} = 2\csc\theta$

10. $\sin^4\theta - \cos^4\theta = 1 - 2\cos^2\theta$

11. $(\sin\theta + \cos\theta)^2 = 1 + 2\sin\theta\cos\theta$

12. $\tan^2\theta - \sin^2\theta = \tan^2\theta\sin^2\theta$

13. $2 + \cot^2\theta = \csc^2\theta + \sec^2\theta - \tan^2\theta$

14. 設 θ 為銳角，且 $\tan\theta = \dfrac{5}{12}$，求 $\dfrac{\sin\theta}{1-\tan\theta} + \dfrac{\cos\theta}{1-\cot\theta}$ 之值.

15. 設 θ 為銳角，且一元二次方程式 $x^2 - (\tan\theta + \cot\theta)x + 1 = 0$ 有一根為 $2+\sqrt{3}$，求 $\sin\theta\cos\theta$ 的值.

16. 設 θ 為銳角，試用 $\sin\theta$ 表出 $\cos\theta$ 與 $\tan\theta$.

9-2　特別角的三角函數

　　由上節銳角三角函數的定義，我們接下來討論 $30°$，$45°$ 及 $60°$ 常用特別角的三角函數值.

一、$30°$ 角的三角函數值

　　正 $\triangle ABC$ 中，$\angle A = \angle B = 60°$，自頂點 A 作 $\overline{BC}$ 的垂直線交於 D，則 $\overline{AD}$ 平分 $\angle A$ 及 $\overline{BC}$，故 $\angle BAD = 30°$ 且 $\overline{AB} = \overline{BC} = 2\overline{BD}$. 若令 $\overline{BD} = 1$，則 $\overline{AB} = 2$，由商高定理知 $\overline{AD} = \sqrt{\overline{AB}^2 - \overline{BD}^2} = \sqrt{2^2 - 1} = \sqrt{3}$，如圖 9-4 所示. 故

$$\sin 30° = \dfrac{\overline{BD}}{\overline{AB}} = \dfrac{1}{2}$$

$$\cos 30° = \dfrac{\overline{AD}}{\overline{AB}} = \dfrac{\sqrt{3}}{2}$$

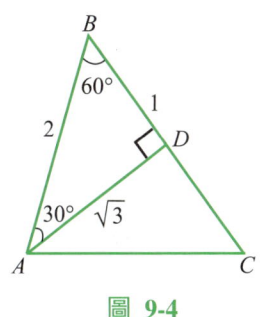

圖 9-4

$$\tan 30° = \frac{\overline{BD}}{\overline{AD}} = \frac{1}{\sqrt{3}}$$

再利用三角函數的倒數關係得：

$$\cot 30° = \sqrt{3} , \quad \sec 30° = \frac{2}{\sqrt{3}} , \quad \csc 30° = 2$$

二、60° 角的三角函數值

正 △ABC 中，∠A=∠B=60°，自頂點 A 作 $\overline{BC}$ 的垂直線交於 D，則 $\overline{AD}$ 平分 ∠A 及 $\overline{BC}$，故 ∠BAD=30° 且 $\overline{AB}=\overline{BC}=2\overline{BD}$．若令 $\overline{BD}=1$，則 $\overline{AB}=2$，由商高定理知 $\overline{AD}=\sqrt{\overline{AB}^2-\overline{BD}^2}=\sqrt{2^2-1}=\sqrt{3}$，如圖 9-5 所示．故

$$\sin 60° = \frac{\overline{AD}}{\overline{AB}} = \frac{\sqrt{3}}{2}$$

$$\cos 60° = \frac{\overline{BD}}{\overline{AB}} = \frac{1}{2}$$

$$\tan 60° = \frac{\overline{AD}}{\overline{BD}} = \sqrt{3}$$

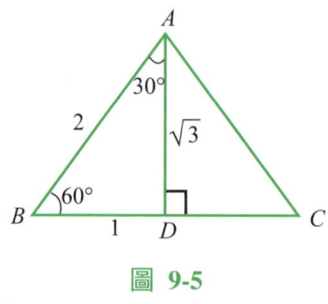

圖 9-5

再利用三角函數的倒數關係得：

$$\cot 60° = \frac{1}{\sqrt{3}} , \quad \sec 60° = 2 , \quad \csc 60° = \frac{2}{\sqrt{3}}$$

三、45° 角的三角函數值

作等腰直角 △ABC 中，∠C=90°，∠A=∠B=45°，令 $\overline{AC}=\overline{BC}=1$，由商高定理知 $\overline{AB}=\sqrt{\overline{AC}^2+\overline{BC}^2}=\sqrt{1^2+1^2}=\sqrt{2}$，如圖 9-6 所示．故

$$\sin 45° = \frac{\overline{BC}}{\overline{AB}} = \frac{1}{\sqrt{2}}$$

$$\cos 45° = \frac{\overline{AC}}{\overline{AB}} = \frac{1}{\sqrt{2}}$$

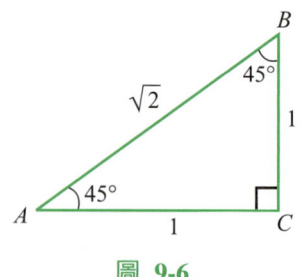

圖 9-6

$$\tan 45° = \frac{\overline{BC}}{\overline{AC}} = 1$$

再利用三角函數的倒數關係得：

$$\cot 45° = 1, \quad \sec 45° = \sqrt{2}, \quad \csc 45° = \sqrt{2}$$

常用的特別角三角函數值整理如下表：

函數 角度	sin	cos	tan	cot	sec	csc
30°	$\frac{1}{2}$	$\frac{\sqrt{3}}{2}$	$\frac{1}{\sqrt{3}}$	$\sqrt{3}$	$\frac{2}{\sqrt{3}}$	2
45°	$\frac{1}{\sqrt{2}}$	$\frac{1}{\sqrt{2}}$	1	1	$\sqrt{2}$	$\sqrt{2}$
60°	$\frac{\sqrt{3}}{2}$	$\frac{1}{2}$	$\sqrt{3}$	$\frac{1}{\sqrt{3}}$	2	$\frac{2}{\sqrt{3}}$

【例題 1】 求 $\tan^2 60° + \cot^2 60°$ 之值.

【解】 $\tan^2 60° + \cot^2 60° = (\tan 60°)^2 + (\cot 60°)^2$

$$= (\sqrt{3})^2 + \left(\frac{1}{\sqrt{3}}\right)^2 = 3 + \frac{1}{3} = \frac{10}{3}.$$ ∎

【例題 2】 求 $\sec^2 45° - \csc^2 45°$ 之值.

【解】 $\sec^2 45° - \csc^2 45° = (\sec 45°)^2 - (\csc 45°)^2$

$$= (\sqrt{2})^2 - (\sqrt{2})^2 = 2 - 2 = 0.$$ ∎

【例題 3】 求 $(1 + \tan^2 30°)^2$ 之值.

【解】 $(1 + \tan^2 30°)^2 = 1 + 2\tan^2 30° + \tan^4 30°$

$$= 1 + 2 \cdot \left(\frac{1}{\sqrt{3}}\right)^2 + \left(\frac{1}{\sqrt{3}}\right)^4$$

$$= 1 + \frac{2}{3} + \frac{1}{9} = \frac{9+6+1}{9} = \frac{16}{9}.$$ ∎

習題 9-2

1. 試求下列各三角函數值

   (1) $\sin 30° \cdot \cos 30°$

   (2) $(\sin 30° + \cos 30°)^2$

   (3) $(1+\tan 45°)^2$

   (4) $\dfrac{\sin 45°}{1+\cos 45°} - \dfrac{\sin 45°}{1-\cos 45°}$

   (5) $\dfrac{(1+\tan 60°)^2}{\cot 60°}$

   (6) $\dfrac{\cos 60°}{1+\tan 60°} - \dfrac{\cos 60°}{1-\tan 60°}$

2. 若 $f(\theta)=(1+\tan\theta)(1-\tan\theta+\tan^2\theta)$，試求 $f(45°)$ 之值．

9-3　廣義角的三角函數

已知 ∠AOB 為一個角，其兩邊為 $\overline{OA}$ 與 $\overline{OB}$，如圖 9-7 所示，若該角是從 $\overline{OA}$ 轉到 $\overline{OB}$，則 $\overline{OA}$ 是始邊，而 $\overline{OB}$ 是終邊．從始邊轉到終邊就是旋轉方向，所以我們可以將角看作是由始邊沿著旋轉方向到終邊的旋轉量．為了方便起見，通常規定逆時鐘的旋轉方向是正的，順時鐘的旋轉方向是負的．旋轉方向是正的角稱為正向角，簡稱為正角；旋轉方向是負的角稱為負向角，簡稱為負角．正向角與負向角均稱為有向角．例如，就圖 9-8(1) 所示，從 $\overline{OA}$ 轉到 $\overline{OB}$ 的有向角是 $60°$；就圖 9-8(2) 所示，從 $\overline{OA}$ 轉到 $\overline{OB}$ 的有向角是 $-60°$．

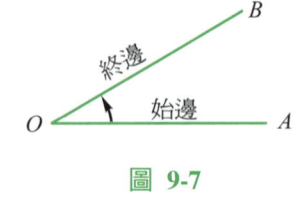

圖 9-7

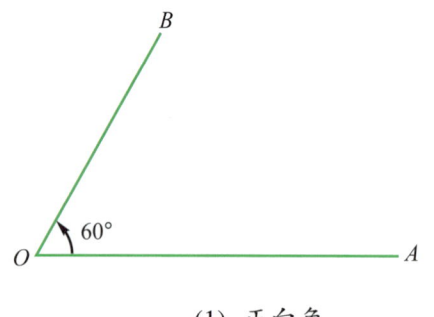

(1) 正向角

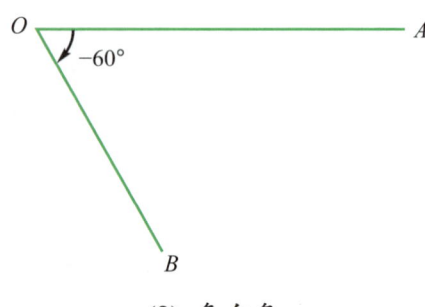

(2) 負向角

圖 9-8

第 9 章　三角函數

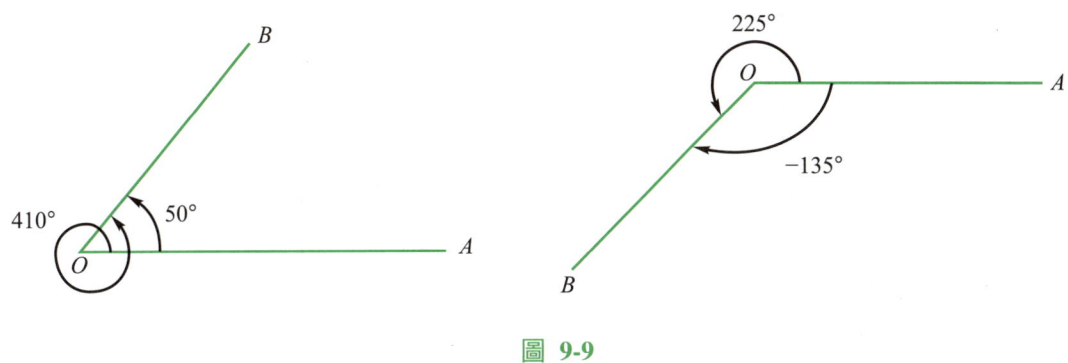

圖 9-9

　　大家也許還記得在國中學習過的角都一律被限制在 180° 以內．但是，現在既然將角看作是由始邊沿著旋轉方向的旋轉量，我們就要打破這個限制，而將角度的範圍擴充到 180° 以上，像這樣打破了 180° 限制的有向角被稱為**廣義角**．若在同一平面上之兩個角有共同的始邊與共同的終邊，則稱它們是**同界角**．角 θ 的同界角可用 $n \times 360° + \theta$ (n 為整數) 表示，換言之，同界角就是角度差為 360° 的整數倍的角．圖 9-9 中的 410° 角與 50° 角為同界角，225° 角與 −135° 角為同界角。

【例題 1】　找出下列各有向角的同界角 θ，使 $0° \leq \theta < 360°$．
　　　　　　(1) 1234°，(2) 1440°，(3) −123°，(4) −2000°．

【解】　　　(1) $1234° = 360° \times 3 + 154°$，故 $\theta = 154°$．
　　　　　　(2) $1440° = 360° \times 4$，故 $\theta = 0°$．
　　　　　　(3) $-123° = 360° \times (-1) + 237°$，故 $\theta = 237°$．
　　　　　　(4) $-2000° = 360° \times (-6) + 160°$，故 $\theta = 160°$．　　□

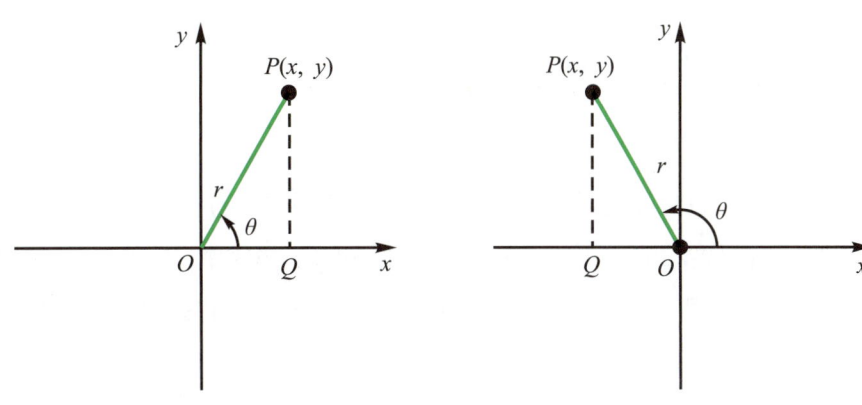

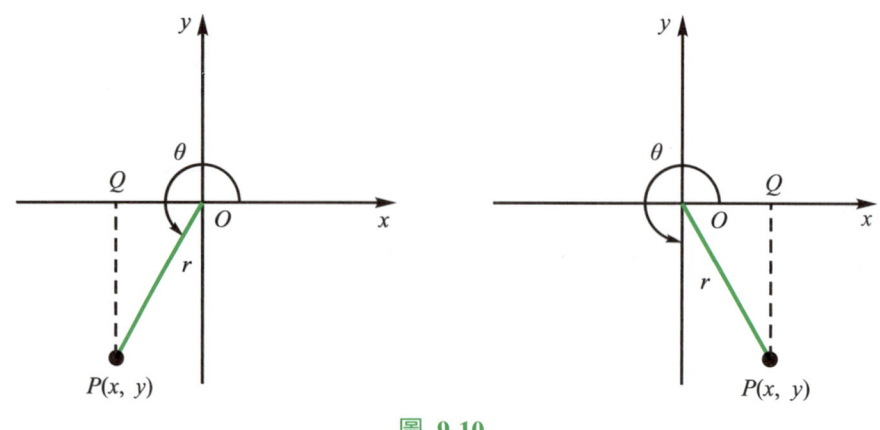

圖 9-10

在坐標平面上，若角的頂點位於原點且始邊放在 x-軸的正方向上，則稱該角位於**標準位置**，而該角為**標準位置角**. 若標準位置角的終邊落在第 I (I＝1，2，3，4) 象限內，則稱該角為第 I 象限角.

現在，我們將銳角的三角函數加以推廣. 假設 θ 為標準位置角，則 θ 的終邊可能落在第一象限，也可能落在第二象限、第三象限或第四象限，如圖 9-10 所示，其中 0 < θ < 360°.

當然，終邊有可能落在 x-軸或 y-軸上. 我們在終邊上任取異於原點 O 的一點 P，設其坐標為 (x, y)，且令 $\overline{OP}=r$，則定義廣義角的三角函數如下：

定義 9-1

$$\sin\theta=\frac{y}{r}, \quad \cos\theta=\frac{x}{r}, \quad \tan\theta=\frac{y}{x}$$

$$\cot\theta=\frac{x}{y}, \quad \sec\theta=\frac{r}{x}, \quad \csc\theta=\frac{r}{y}$$

此定義中的 θ 適合所有角——正角、負角、銳角或鈍角. 特別注意的是，我們必須在它的比值有意義的情況下，才能定義廣義角的三角函數. 例如，若 θ 的終邊在 y-軸 (即，x＝0) 上，則 tan θ 與 sec θ 均無意義；若 θ 的終邊在 x-軸 (即，y＝0) 上，則 cot θ 與 csc θ 均無意義.

由於 r 恆為正，故 θ 角之三角函數的正、負號隨 P 點所在的象限而定，今列表如下：

函數＼象限	I	II	III	IV
$\sin\theta$ $\csc\theta$	+	+	−	−
$\cos\theta$ $\sec\theta$	+	−	−	+
$\tan\theta$ $\cot\theta$	+	−	+	−

【例題 2】 計算六個三角函數在 $\theta=150°$ 的值.

【解】 以原點作為圓心且半徑是 1 的圓，並將角 $\theta=150°$ 置於標準位置，如圖 9-11 所示．因 $\angle AOP=30°$，且 $\triangle OAP$ 為一個 30°-60°-90° 的三角形，故 $\overline{AP}=\dfrac{1}{2}$，可得 $\overline{AO}=\dfrac{\sqrt{3}}{2}$．於是，$P$ 的坐標為 $\left(-\dfrac{\sqrt{3}}{2},\ \dfrac{1}{2}\right)$．

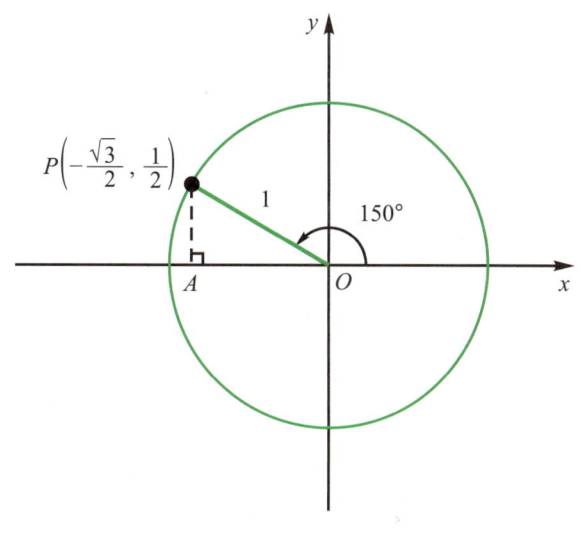

圖 9-11

$$\sin 150°=\dfrac{1}{2}$$

$$\cos 150°=-\dfrac{\sqrt{3}}{2}$$

$$\tan 150° = \dfrac{\dfrac{1}{2}}{-\dfrac{\sqrt{3}}{2}} = -\dfrac{1}{\sqrt{3}} = -\dfrac{\sqrt{3}}{3}$$

$$\cot 150° = \dfrac{1}{\tan 150°} = -\sqrt{3}$$

$$\sec 150° = \dfrac{1}{\cos 150°} = -\dfrac{2}{\sqrt{3}} = -\dfrac{2\sqrt{3}}{3}$$

$$\csc 150° = \dfrac{1}{\sin 150°} = 2.$$

【例題 3】 若 $\cos\theta = -\dfrac{4}{5}$，且 $\sin\theta > 0$，求 θ 的其餘三角函數值.

【解】 因 $\cos\theta < 0$ 且 $\sin\theta > 0$，故 θ 為第二象限．如圖 9-12 所示.

又 $\cos\theta = \dfrac{x}{r} = \dfrac{-4}{5}$，取 $x = -4$，$r = 5$，

故 $y = \sqrt{r^2 - x^2} = \sqrt{(5)^2 - (-4)^2} = 3$

$\sin\theta = \dfrac{3}{5}$，$\tan\theta = \dfrac{3}{-4} = -\dfrac{3}{4}$，$\cot\theta = \dfrac{-4}{3} = -\dfrac{4}{3}$，

$\sec\theta = \dfrac{5}{-4} = -\dfrac{5}{4}$，$\csc\theta = \dfrac{5}{3}$.

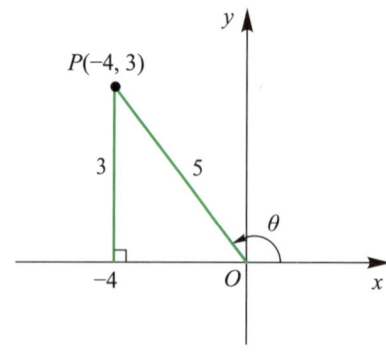

圖 9-12

隨堂練習 4 設點 $p(-5\sqrt{3}, y)$ 在角 θ 的終邊上，若 $\tan\theta = \dfrac{1}{\sqrt{3}}$，求 $\csc\theta$ 與 $\sin\theta$ 之值．

答案：$\csc\theta = -2$，$\sin\theta = -\dfrac{1}{2}$．

從廣義角之三角函數的定義可知，凡是同界角均有相同的三角函數值．因此，若 n 為整數，則有下列的結果：

$$\sin(n \times 360° + \theta) = \sin\theta$$
$$\cos(n \times 360° + \theta) = \cos\theta$$
$$\tan(n \times 360° + \theta) = \tan\theta$$
$$\cot(n \times 360° + \theta) = \cot\theta$$
$$\sec(n \times 360° + \theta) = \sec\theta$$
$$\csc(n \times 360° + \theta) = \csc\theta$$

(9-3-1)

我們利用這些性質可將任意角的三角函數化成 $0°$ 到 $360°$ 之間的三角函數．例如，

$$\sin 730° = \sin(2 \times 360° + 10°) = \sin 10°$$
$$\tan(-330°) = \tan[(-1) \times 360° + 30°] = \tan 30°$$

設兩個角 θ 與 $-\theta$ 的終邊與單位圓 (即，圓心在原點且半徑是 1 的圓) 的交點分別為 $P(x, y)$ 與 $P'(x', y')$，如圖 9-13 所示．

因為 $\overline{OP}$ 與 $\overline{OP'}$ 對於 x-軸成對稱，所以

$$x' = x, \ y' = -y$$

可得

$$\sin(-\theta) = y' = -y = -\sin\theta$$
$$\cos(-\theta) = x' = x = \cos\theta$$

$$\tan(-\theta) = \dfrac{y'}{x'} = \dfrac{-y}{x} = -\tan\theta$$

16 數學（下）

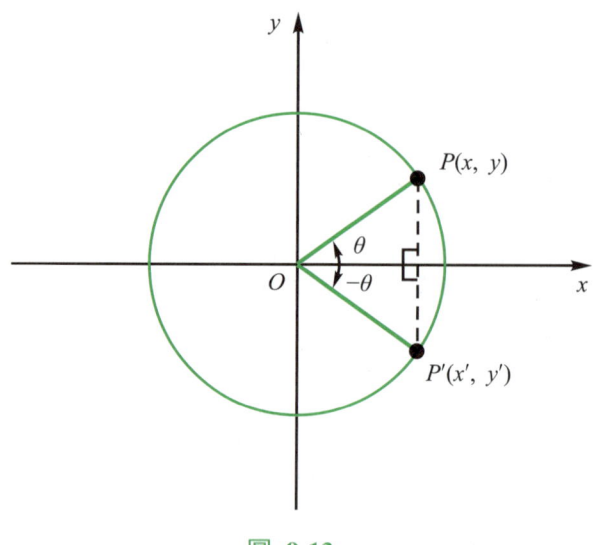

圖 9-13

$$\cot(-\theta) = \frac{x'}{y'} = \frac{x}{-y} = -\cot\theta \qquad (9\text{-}3\text{-}2)$$

$$\sec(-\theta) = \frac{1}{x'} = \frac{1}{-x} = \sec\theta$$

$$\csc(-\theta) = \frac{1}{y'} = \frac{1}{-y} = -\csc\theta$$

例如， $\sin(-58°) = -\sin 58°$

$\cos(-25°) = \cos 25°$

$\cot(-66°) = -\cot 66°$

　　設兩個角 θ 與 $180°-\theta$ 的終邊與單位圓的交點分別為 $P(x, y)$ 與 $P'(x', y')$，如圖 9-14 所示.

　　因為 $\overline{OP}$ 與 $\overline{OP'}$ 對於 y-軸成對稱，所以

$$x' = -x, \quad y' = y$$

可得

$$\sin(180°-\theta) = y' = y = \sin\theta$$

$$\cos(180°-\theta) = x' = -x = -\cos\theta$$

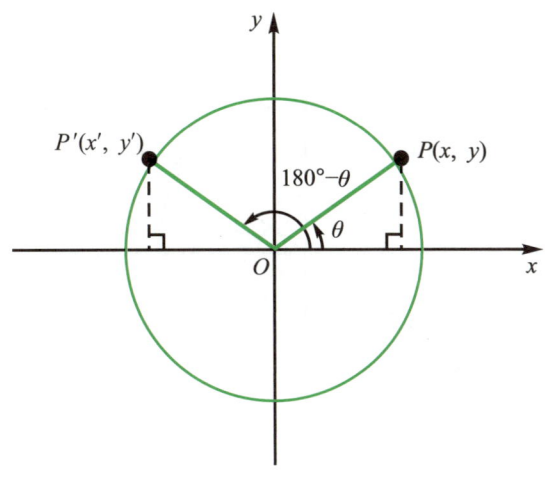

圖 9-14

$$\tan(180°-\theta)=\frac{y'}{x'}=\frac{y}{-x}=-\tan\theta$$

$$\cot(180°-\theta)=\frac{x'}{y'}=\frac{-x}{y}=-\cot\theta$$

$$\sec(180°-\theta)=\frac{1}{x'}=\frac{1}{-x}=-\sec\theta$$

$$\csc(180°-\theta)=\frac{1}{y'}=\frac{1}{y}=\csc\theta$$

(9-3-3)

例如，
$$\sin 120°=\sin(180°-60°)=\sin 60°=\frac{\sqrt{3}}{2}$$

$$\cos 150°=\cos(180°-30°)=-\cos 30°=-\frac{\sqrt{3}}{2}$$

　　設兩個角 θ 與 $180°+\theta$ 的終邊與單位圓的交點分別為 $P(x, y)$ 與 $P'(x', y')$，如圖 9-15 所示．

　　因為 $\overline{OP}$ 與 $\overline{OP'}$ 對於原點 O 成對稱，所以

$$x'=-x, \ y'=-y$$

可得

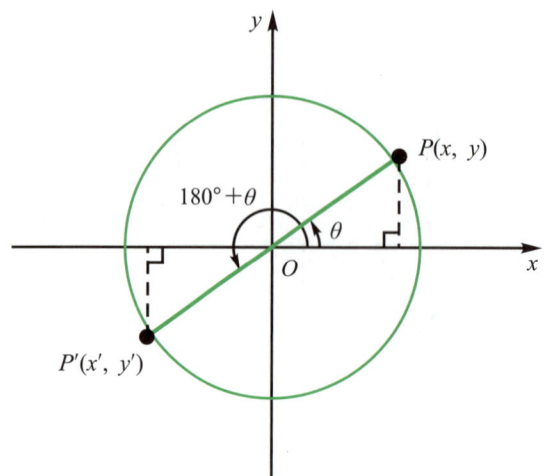

圖 9-15

$$\sin(180°+\theta)=y'=-y=-\sin\theta$$

$$\cos(180°+\theta)=x'=-x=-\cos\theta$$

$$\tan(180°+\theta)=\frac{y'}{x'}=\frac{-y}{-x}=\frac{y}{x}=\tan\theta$$

$$\cot(180°+\theta)=\frac{x'}{y'}=\frac{-x}{-y}=\frac{x}{y}=\cot\theta \qquad (9\text{-}3\text{-}4)$$

$$\sec(180°+\theta)=\frac{1}{x'}=\frac{1}{-x}=-\sec\theta$$

$$\csc(180°+\theta)=\frac{1}{y'}=\frac{1}{-y}=-\csc\theta$$

例如，

$$\cos 215°=\cos(180°+35°)=-\cos 35°$$

$$\tan 250°=\tan(180°+70°)=\tan 70°$$

隨堂練習 5 試求 $\sin 120° \tan 210° - \cos 135° \sec(-45°)$ 之值。

答案：$\dfrac{3}{2}$．

綜上討論，我們列表如下：

	sin	cos	tan	cot	sec	csc
$-\theta$	$-\sin\theta$	$\cos\theta$	$-\tan\theta$	$-\cot\theta$	$\sec\theta$	$-\csc\theta$
$90°-\theta$	$\cos\theta$	$\sin\theta$	$\cot\theta$	$\tan\theta$	$\csc\theta$	$\sec\theta$
$90°+\theta$	$\cos\theta$	$-\sin\theta$	$-\cot\theta$	$-\tan\theta$	$-\csc\theta$	$\sec\theta$
$180°-\theta$	$\sin\theta$	$-\cos\theta$	$-\tan\theta$	$-\cot\theta$	$-\sec\theta$	$\csc\theta$
$180°+\theta$	$-\sin\theta$	$-\cos\theta$	$\tan\theta$	$\cot\theta$	$-\sec\theta$	$-\csc\theta$
$270°-\theta$	$-\cos\theta$	$-\sin\theta$	$\cot\theta$	$\tan\theta$	$-\csc\theta$	$-\sec\theta$
$270°+\theta$	$-\cos\theta$	$\sin\theta$	$-\cot\theta$	$-\tan\theta$	$\csc\theta$	$-\sec\theta$
$360°-\theta$	$-\sin\theta$	$\cos\theta$	$-\tan\theta$	$-\cot\theta$	$\sec\theta$	$-\csc\theta$
$360°+\theta$	$\sin\theta$	$\cos\theta$	$\tan\theta$	$\cot\theta$	$\sec\theta$	$\csc\theta$

註：上表的記法為

(1) 當角度為 $180°\pm\theta$，$360°\pm\theta$ 時，sin → sin, cos → cos, tan → tan, …, 函數不變．

當角度為 $90°\pm\theta$，$270°\pm\theta$ 時，sin <u>互換</u> cos, tan <u>互換</u> cot, sec <u>互換</u> csc.

(2) 將 θ 視為銳角，再求角度在哪一象限，而決定正負符號．

【例題 4】 求下列各三角函數值．

(1) $\tan 210°$ (2) $\cos 135°$

【解】 (1) $\tan 210° = \tan(180°+30°) = \tan 30° = \dfrac{1}{\sqrt{3}}$

(2) $\cos 135° = \cos(180°-45°) = -\cos 45° = -\dfrac{1}{\sqrt{2}}$

【例題 5】 求下列各三角函數值．

(1) $\sin(-690°)$ (2) $\sin(-7350°)$

(3) $\cot(1200°)$ (4) $\tan(-2730°)$

【解】 (1) $\sin(-690°) = -\sin 690° = -\sin(720°-30°)$

$= -(-\sin 30°) = \sin 30° = \dfrac{1}{2}$．

(2) $\sin(-7350°) = -\sin 7350° = -\sin(360°\times 20+150°) = -\sin 150°$

$$= -\sin(180°-30°) = -\sin 30° = -\frac{1}{2}.$$

(3) $\cot(1200°) = \cot(360°\times 3 + 120°) = \cot 120°$

$$= \cot(90°+30°) = -\tan 30°$$

$$= -\frac{1}{\sqrt{3}} = -\frac{\sqrt{3}}{3}.$$

(4) $\tan(-2730°) = -\tan 2730° = -\tan(360°\times 7 + 210°)$

$$= -\tan 210° = -\tan(180°+30°)$$

$$= -\tan 30° = -\frac{1}{\sqrt{3}} = -\frac{\sqrt{3}}{3}. \quad\blacksquare$$

【例題 6】 求下列各三角函數值.

(1) $\tan 62°$ (2) $\sin 54°$

【解】 (1) $\tan 62°$ 與 $\sin 54°$ 均非特別角，可利用工程型或科學型的電算器來求得其值. 一般具有三角函數功能的工程型電算器上都可以選擇各種不同的角度單位. 一般常用者：如 DEG (度，直角為 90 單位，一般使用). 欲求 $\tan 62°$ 時以 CASIO 型為例，先將角度單位設定為 DEG (度度量)，然後依下列之程序操作

(a) 按 MODE 4 (即設定角度單位為 DEG)

(b) 先按 62 再按功能鍵 tan

功能鍵

| tan |——| 62 | = | 1.8807265 |

這時顯示幕即出現 1.880726. 一般工程型的電算器，只有 sin, cos, tan, 而並無 cot, sec, csc, 所以要求這些三角函數值的時候，就得利用倒數關係，例如 $\csc 25° \approx 2.3662015$.

功能鍵

(2) | sin |——| 54 | = | 0.8090169 |

故 $\sin 54° \approx 0.8090169$. $\quad\blacksquare$

隨堂練習 6 試求 $\sin^2 240° + \cos^2 300° - 2\tan(-585°)$ 的值.

答案：3.

象限角的三角函數值

當角度落在坐標軸上，分別為 $0°$，$90°$，$180°$，$270°$ 及其同界角時，我們可在平面坐標上，以原點為圓心作一個半徑為 1 的單位圓，討論其三角函數值. 設圓與坐標軸分別交於 $A(1, 0)$，$B(0, 1)$，$C(-1, 0)$，$D(0, -1)$，如圖 9-16 所示.

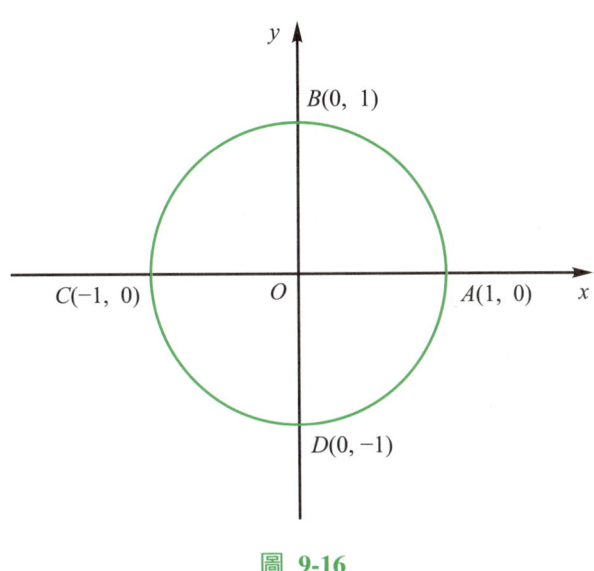

圖 9-16

由定義 9-1 知，$r = 1$，

(1) $0°$ 角時，$A(1, 0)$ 為終邊上的點，$x = 1$，$y = 0$，

$\sin 0° = \dfrac{y}{r} = \dfrac{0}{1} = 0$, $\cos 0° = \dfrac{x}{r} = \dfrac{1}{1} = 1$, $\tan 0° = \dfrac{y}{x} = \dfrac{0}{1} = 0$,

$\cot 0° = \dfrac{x}{y} = \dfrac{1}{0}$ (無意義), $\sec 0° = \dfrac{r}{x} = \dfrac{1}{1} = 1$, $\csc 0° = \dfrac{r}{y} = \dfrac{1}{0}$ (無意義).

(2) $90°$ 角時，$B(0, 1)$ 為終邊上的點，$x = 0$，$y = 1$，

$\sin 90° = \dfrac{y}{r} = \dfrac{1}{1} = 1$, $\cos 90° = \dfrac{x}{r} = \dfrac{0}{1} = 0$, $\tan 90° = \dfrac{y}{x} = \dfrac{1}{0}$ (無意義),

$$\cot 90° = \frac{x}{y} = \frac{0}{1} = 0, \quad \sec 90° = \frac{r}{x} = \frac{1}{0} \text{（無意義）}, \quad \csc 90° = \frac{r}{y} = \frac{1}{1} = 1.$$

(3) $180°$ 角時，$C(-1, 0)$ 為終邊上的點，$x = -1$，$y = 0$，

$$\sin 180° = \frac{y}{r} = \frac{0}{1} = 0, \quad \cos 180° = \frac{x}{r} = \frac{-1}{1} = -1, \quad \tan 180° = \frac{y}{x} = \frac{0}{-1} = 0$$

$$\cot 180° = \frac{x}{y} = \frac{-1}{0} \text{（無意義）}, \quad \sec 180° = \frac{r}{x} = \frac{1}{-1} = -1,$$

$$\csc 180° = \frac{r}{y} = \frac{1}{0} \text{（無意義）}.$$

(4) $270°$ 角時，$D(0, -1)$ 為終邊上的點，$x = 0$，$y = -1$，

$$\sin 270° = \frac{y}{r} = \frac{-1}{1} = -1, \quad \cos 270° = \frac{x}{r} = \frac{0}{1} = 0,$$

$$\tan 270° = \frac{y}{x} = \frac{-1}{0} \text{（無意義）}, \quad \cot 270° = \frac{x}{y} = \frac{0}{-1} = 0,$$

$$\sec 270° = \frac{r}{x} = \frac{1}{0} \text{（無意義）}, \quad \csc 270° = \frac{r}{y} = \frac{1}{-1} = -1.$$

象限角的三角函數值整理如下表：

函數 角度	sin	cos	tan	cot	sec	csc
0°	0	1	0	無意義	1	無意義
90°	1	0	無意義	0	無意義	1
180°	0	−1	0	無意義	−1	無意義
270°	−1	0	無意義	0	無意義	−1

習題 9-3

1. 下列各角是何象限內的角？

   (1) $460°$　　　(2) $1305°$

2. 求 $-1384°$ 角的同界角中的最大負角，並問其為第幾象限角？

3. 設 $\theta=35°$，ϕ 與 θ 為同界角，若 $-1080°\leq\phi\leq-720°$，求 ϕ.

4. 求下列諸角的最小正同界角及最大負同界角.
   (1) $675°$ (2) $-1520°$ (3) $-1473°$ (4) $-21508°$

5. 設標準位置角 θ 的終邊通過下列的點，求 θ 的各三角函數值.
   (1) $(3, 4)$ (2) $(-4, -1)$ (3) $(-1, 2)$

6. 若已知 $\tan\theta=\dfrac{1}{3}$，$\sin\theta<0$，求 θ 的各三角函數值.

7. 若 $\cos\theta=\dfrac{12}{13}$，且 $\cot\theta<0$，求 θ 的其餘三角函數值.

8. 若 $\tan\theta=\dfrac{7}{24}$，求 $\sin\theta$ 及 $\cos\theta$ 的值.

9. 已知 $\tan\theta=-\dfrac{1}{\sqrt{3}}$，求 θ 的其餘三角函數值.

10. 已知 θ 為第三象限內的角，且 $\tan\theta=\dfrac{3}{2}$，求 $\dfrac{\sin\theta+\cos\theta}{1+\sec\theta}$ 的值.

11. 已知 $\cos\theta=-\dfrac{3}{7}$，$\tan\theta>0$，求 $\dfrac{\tan\theta}{1-\tan^2\theta}$ 的值.

12. 求下列各三角函數值.
    (1) $\sin 120°$ (2) $\cos 120°$ (3) $\tan 150°$
    (4) $\sin 210°$ (5) $\tan 225°$ (6) $\sin 300°$
    (7) $\tan 300°$ (8) $\cos 315°$ (9) $\cos(-6270°)$
    (10) $\tan(-240°)$

13. 試化簡：$\sin(-1590°)\cos 1860°+\tan 960°\cot 1395°$.

14. 試證：$a\sin(\theta-90°)+b\cos(\theta-180°)=-(a+b)\cos\theta$.

15. 試證：$4\sin^2(-840°)-3\cos^2(1800°)=0$.

16. 已知 $\sin 598°=t$，試以 t 表示 $\tan 212°$.

17. 化簡 $\dfrac{\sin(180°-\theta)\cdot\cot(90°-\theta)\cdot\cos(360°-\theta)}{\tan(180°+\theta)\cdot\tan(90°+\theta)\cdot\sin(-\theta)}$.

9-4 弧度

一般常用的角度量有兩種，一種稱為**度度量**，是將一圓分成 360 等分，每一等分稱為 1 度 (記為 1°)，而 1 度分成 60 分 (記為 1°＝60′)，1 分分成 60 秒 (記為 1′＝60″)，故 1°＝60′＝3600″. 另一種稱為**弧度度量**，是將與半徑等長的圓弧所對的圓心角當成 1 弧度. 就半徑為 r 的圓而言，其周長等於 $2\pi r$，所以整個圓周所對的角等於 2π 弧度；半圓弧長為 πr，所以平角等於 π 弧度；四分之一圓弧長為 $\frac{1}{2}\pi r$，所以直角等於 $\frac{\pi}{2}$ 弧度.

註：弧度的大小僅與角度有關，與圓的半徑無關.

一般而言，度與弧度之間有下列的互換關係，因為

$$360° = 2\pi \text{ 弧度}$$

所以

$$1° = \frac{2\pi}{360} \text{ 弧度} = \frac{\pi}{180} \text{ 弧度} \approx 0.01745 \text{ 弧度}$$

$$1 \text{ 弧度} = \left(\frac{360}{2\pi}\right)° = \left(\frac{180}{\pi}\right)° \approx 57° \ 17′ \ 45″$$

往後，我們常將弧度省略不寫，例如，一個角是 $\frac{\pi}{6}$ 的意思就是它是 $\frac{\pi}{6}$ 弧度的角. 當所用的單位是度時，我們必須將度標出來，例如，不可以將 30° 記為 30.

一些常用角的單位度與弧度的換算如下表：

度	30°	45°	60°	90°	120°	135°	150°	180°	270°
弧度	$\frac{\pi}{6}$	$\frac{\pi}{4}$	$\frac{\pi}{3}$	$\frac{\pi}{2}$	$\frac{2\pi}{3}$	$\frac{3\pi}{4}$	$\frac{5\pi}{6}$	π	$\frac{3\pi}{2}$

【例題 1】 化 $210°$, $225°$, $240°$, $300°$, $315°$, $330°$ 為弧度.

【解】 $210° = \dfrac{\pi}{180} \times 210 = \dfrac{7\pi}{6}$, $\qquad 225° = \dfrac{\pi}{180} \times 225 = \dfrac{5\pi}{4}$

$240° = \dfrac{\pi}{180} \times 240 = \dfrac{4\pi}{3}$, $\qquad 300° = \dfrac{\pi}{180} \times 300 = \dfrac{5\pi}{3}$

$315° = \dfrac{\pi}{180} \times 315 = \dfrac{7\pi}{4}$, $\qquad 330° = \dfrac{\pi}{180} \times 330 = \dfrac{11\pi}{6}$. ◼

【例題 2】 化 $23° \ 15' \ 30''$ 為弧度，再求其正弦函數值.

【解】 (1) $23° \ 15' \ 30'' = 23° \ 15.5' \approx 23.2583°$

$\approx 0.01745 \times 23.2583$ 弧度 ≈ 0.406 弧度.

(2) 先按 MODE 5 (即設定角之單位為 RAD (弧度)，再依下列程序操作)

$\boxed{\sin} \ \text{———} \ \boxed{0.406} \ = \ \boxed{0.394937665}$

再按 　　　先按

即 $\sin 0.406 \approx 0.394937665$. ◼

【例題 3】 化 $\dfrac{5\pi}{3}$, $\dfrac{5\pi}{8}$ 為度.

【解】 $\dfrac{5\pi}{3} = \left(\dfrac{180}{\pi}\right)° \times \dfrac{5\pi}{3} = 108°$

$\dfrac{5\pi}{8} = \left(\dfrac{180}{\pi}\right)° \times \dfrac{5\pi}{8} = 112.5°$. ◼

【例題 4】 試求與 $-\dfrac{11\pi}{4}$ 為同界角的最小正角與最大負角.

【解】 因角 θ 的同界角可表為 $2n\pi + \theta$ (n 為整數)，故

$$-\dfrac{11\pi}{4} = (-2) \times 2\pi + \dfrac{5\pi}{4}$$

$$-\dfrac{11\pi}{4} = -2\pi + \left(-\dfrac{3\pi}{4}\right)$$

所以，$\dfrac{5\pi}{4}$ 是 $-\dfrac{11\pi}{4}$ 的最小正同界角，$-\dfrac{3\pi}{4}$ 是 $-\dfrac{11\pi}{4}$ 的最大負同界角． ∎

隨堂練習 7 求 1178° 之最小正同界角與最大負同界角．

答案：最小正同界角為 98°，而最大負同界角為 $-262°$．

【例題 5】 求下列各三角函數值．

(1) $\cos\left(\dfrac{4\pi}{3}\right)$，(2) $\sec\left(-\dfrac{23\pi}{4}\right)$．

【解】 (1) $\cos\left(\dfrac{4\pi}{3}\right)=\cos\left(\pi+\dfrac{\pi}{3}\right)=-\cos\dfrac{\pi}{3}=-\dfrac{1}{2}$．

(2) $\sec\left(-\dfrac{23\pi}{4}\right)=\sec\dfrac{23\pi}{4}$

$=\sec\left(2\times 2\pi+\dfrac{7\pi}{4}\right)=\sec\dfrac{7\pi}{4}$

$=\sec\left(2\pi-\dfrac{\pi}{4}\right)=\sec\dfrac{\pi}{4}=\sqrt{2}$． ∎

隨堂練習 8 求 $\dfrac{\tan\dfrac{\pi}{4}+\tan\dfrac{\pi}{6}}{1-\tan\dfrac{\pi}{4}\tan\dfrac{\pi}{6}}$ 之值．

答案：$2+\sqrt{3}$．

弧是圓周的一部分，所以欲求弧長時，只要求出該段圓弧是佔整個圓周的幾分之幾，就可求出弧長．同樣地，扇形面積也是從該扇形佔整個圓區域的幾分之幾去求得．若圓的半徑為 r，則圓周長為 $2\pi r$，圓面積為 πr^2，故當圓心角為 θ (弧度) 時，其所對的弧長為 $s=\dfrac{\theta}{2\pi}\times 2\pi r=r\theta$，而扇形面積為

$$A = \frac{\theta}{2\pi} \times \pi r^2 = \frac{1}{2} r^2 \theta = \frac{1}{2} rs$$

如果圓心角為 $\alpha°$ 時，弧長為 $s = \frac{\alpha}{360} \times 2\pi r$，扇形面積為

$$A = \frac{\alpha}{360} \times \pi r^2$$

因此，我們有下面的定理．

定理 9-1

若圓的半徑為 r，則

(1) 圓心角 θ（弧度）所對的弧長為 $s = r\theta$，而扇形面積為

$$A = \frac{1}{2} r^2 \theta = \frac{1}{2} rs.$$

(2) 圓心角 $\alpha°$ 所對的弧長為 $s = \frac{\alpha}{360} \times 2\pi r$，而扇形面積為

$$A = \frac{\alpha}{360} \times \pi r^2.$$

【例題 6】 求半徑為 8 公分的圓上一弧長為 2 公分所對的圓心角．

【解】 圓心角 $= \frac{\text{弧長}}{\text{半徑}} = \frac{2}{8} = \frac{1}{4}$（弧度）． ◨

【例題 7】 若一圓的半徑為 8 公分，圓心角為 $\frac{\pi}{4}$，求此扇形的面積．

【解】 面積 $= \frac{1}{2} r^2 \theta = \frac{1}{2} \times 8^2 \times \frac{\pi}{4} = 8\pi$（平方公分）． ◨

【例題 8】 已知一扇形的半徑為 25 公分，弧長為 16 公分，求其圓心角的度數及面積．

【解】 因 $\theta = \dfrac{s}{r}$，故

$$\theta = \dfrac{s}{r} = \dfrac{16}{25} = 0.64 \text{ (弧度)} = \left(\dfrac{180}{\pi}\right)^\circ \times 0.64 \approx 36.67°$$

扇形面積為

$$A = \dfrac{1}{2}rs = \dfrac{1}{2} \times 25 \times 16 = 200 \text{ (平方公分)}. \qquad ■$$

隨堂練習 9 試求半徑為 6 公分，中心角為 135° 之扇形面積為何？

答案：$\dfrac{27}{2}\pi$（平方公分）.

習題 9-4

1. 求下列各角的弧度數.

(1) 15°　　(2) 144°　　(3) 540°　　(4) 45° 20′ 35″

2. 化下列各角度量為度度量.

(1) $\dfrac{7\pi}{10}$　　(2) $\dfrac{7\pi}{4}$　　(3) $\dfrac{3\pi}{16}$　　(4) $\dfrac{5\pi}{12}$　　(5) 3

3. 試求與 $-\dfrac{10\pi}{3}$ 為同界角的最小正角與最大負角.

4. 求 $\sin\dfrac{\pi}{3} \tan\dfrac{\pi}{4} \cos\dfrac{\pi}{6} \sec\dfrac{\pi}{3} \cot\dfrac{\pi}{6}$ 的值.

5. 求 $\tan^2\dfrac{\pi}{4} \sin\dfrac{\pi}{3} \cos\dfrac{\pi}{3} \tan\dfrac{\pi}{6} \sec\dfrac{\pi}{4}$ 的值.

6. 設一圓的半徑為 6，求圓心角為 $\dfrac{2\pi}{3}$ 所對的弧長.

7. 若一圓的半徑為 16 公分，圓心角為 $\dfrac{\pi}{3}$，求此扇形的面積.

8. 已知一扇形的半徑為 25 公分，弧長為 16 公分，求其圓心角的度數及面積.

9. 某扇形的半徑為 15 公分，圓心角為 $\dfrac{\pi}{3}$，求其面積及弧長.

10. 有一腳踏車的車輪直徑為 60 公分，今旋轉 500 圈，問其所走的距離為何？

11. 試求 $\sec\left(-\dfrac{29\pi}{6}\right)$ 之值.

試求下列各式之值.

12. $\sec\left(\dfrac{3\pi}{2}-\theta\right)\tan(\pi-\theta)\cos(-\theta)$

13. 化 13° 為弧度再求其正切函數值.

14. $\cos^2\dfrac{5\pi}{4}\csc\dfrac{11\pi}{6}-\cos\left(-\dfrac{\pi}{3}\right)$

15. 試求 $\left(\cos^4\dfrac{\pi}{4}-\sin^4\dfrac{\pi}{4}\right)\left(\cos^4\dfrac{\pi}{4}+\sin^4\dfrac{\pi}{4}\right)$ 之值.

16. 試求 $\sin^2\left(\dfrac{19\pi}{2}\right)$ 之值.

9-5　三角函數的圖形

三角函數有一個非常重要的性質，稱為**週期性**. 描繪六個三角函數的圖形必先瞭解三角函數的週期.

定義 9-2

設 f 為定義於 $A \subset \mathbb{R}$ 的函數，且 $f(A) \subset \mathbb{R}$，若存在一正數 T，使得

$$f(x+T)=f(x)$$

對於任意 $x \in A$ 均成立，則稱 f 為**週期函數**，而使得上式成立的最小正數 T 稱為函數 f 的**週期**.

定理 9-2

若 T 為 $f(x)$ 所定義函數的週期,則 $f(kx)$ 所定義之函數亦為週期函數,其週期為 $\dfrac{T}{k}$ $(k>0)$.

證:因為 $f(x)$ 的週期為 T,所以 $f(x+T)=f(x)$.

又 $$f\left(k\left(x+\dfrac{T}{k}\right)\right)=f(kx+T)=f(kx)$$

可知 $\dfrac{T}{k}$ 亦為 $f(kx)$ 的週期. 因

$$\sin(x+2\pi)=\sin x$$
$$\cos(x+2\pi)=\cos x$$
$$\tan(x+\pi)=\tan x$$
$$\cot(x+\pi)=\cot x$$
$$\sec(x+2\pi)=\sec x$$
$$\csc(x+2\pi)=\csc x$$

故三角函數為週期函數,$\sin x$、$\cos x$、$\sec x$、$\csc x$ 的週期均為 2π,而 $\tan x$、$\cot x$ 的週期均為 π. 瞭解三角函數的週期,對於作三角函數之圖形有很大的幫助. 因作週期函數的圖形時,僅需作出一個週期長之區間中的部分圖形,然後不斷重複地往 x-軸的左右方向延伸,即可得到函數的全部圖形.

【例題 1】 求下列各函數的週期.

(1) $|\sin x|$ (2) $\cos^2 x$ (3) $\cos kx$

【解】 (1) 令 $f(x)=|\sin x|$,則

$$f(x+\pi)=|\sin(x+\pi)|$$
$$=|-\sin x|=|\sin x|=f(x)$$

故週期為 π.

(2) 令 $f(x)=\cos^2 x$,則

$$f(x+\pi)=\cos^2(x+\pi)=[\cos(x+\pi)]^2$$
$$=(-\cos x)^2=\cos^2 x=f(x)$$

故週期為 π.

(3) 令 $f(x)=\cos kx$，則

$$f\left(x+\frac{2\pi}{k}\right)=\cos k\left(x+\frac{2\pi}{k}\right)$$
$$=\cos(kx+2\pi)=\cos kx$$
$$=f(x)$$

故週期為 $\dfrac{2\pi}{k}$. ∎

隨堂練習 10 試求函數 $|\sin kx|$ 之週期.

答案：$\dfrac{\pi}{k}$.

有關三角函數之圖形

1. 正弦函數 $y=\sin x$

因正弦函數的週期為 2π，又 $-1 \leq \sin x \leq 1$，故正弦函數的值域為 $[-1, 1]$. 今將 x 由 0 至 2π 之間，先對於某些特殊的 x 值，求出其對應的函數值 y，列表如下：

x	0	$\dfrac{\pi}{6}$	$\dfrac{\pi}{4}$	$\dfrac{\pi}{3}$	$\dfrac{\pi}{2}$	$\dfrac{2\pi}{3}$	$\dfrac{3\pi}{4}$	$\dfrac{5\pi}{6}$	π	$\dfrac{7\pi}{6}$	$\dfrac{5\pi}{4}$	$\dfrac{4\pi}{3}$	$\dfrac{3\pi}{2}$	$\dfrac{5\pi}{3}$	$\dfrac{7\pi}{4}$	$\dfrac{11\pi}{6}$	2π	$\cdots$
y	0	$\dfrac{1}{2}$	$\dfrac{\sqrt{2}}{2}$	$\dfrac{\sqrt{3}}{2}$	1	$\dfrac{\sqrt{3}}{2}$	$\dfrac{\sqrt{2}}{2}$	$\dfrac{1}{2}$	0	$-\dfrac{1}{2}$	$-\dfrac{\sqrt{2}}{2}$	$-\dfrac{\sqrt{3}}{2}$	-1	$-\dfrac{\sqrt{3}}{2}$	$-\dfrac{\sqrt{2}}{2}$	$-\dfrac{1}{2}$	0	$\cdots$

將各對應點描出，先作出 $[0, 2\pi]$ 中的圖形，然後向左右重複作出相同的圖形，即得 $y=\sin x$ 的圖形，如圖 9-17 所示.

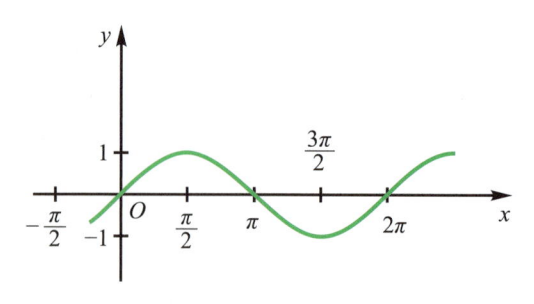

圖 9-17　$y=\sin x$ 的圖形

2. 餘弦函數 $y=\cos x$

因為 $\sin\left(\dfrac{\pi}{2}+x\right)=\cos x$，故作 $\cos x$ 的圖形時，可利用函數圖形的水平平移技巧，將 $\sin x$ 的圖形向左平行移動 $\dfrac{\pi}{2}$ 之距離而得，如圖 9-18 所示.

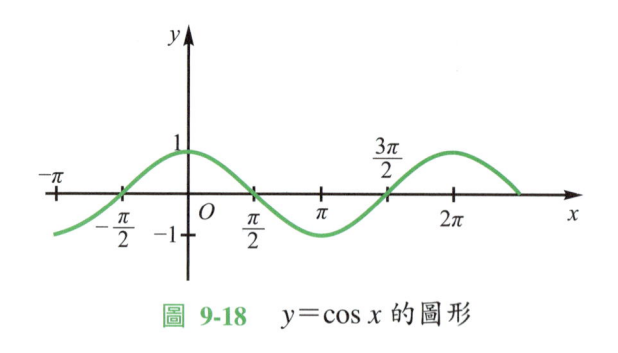

圖 9-18　$y=\cos x$ 的圖形

3. 正切函數 $y=\tan x$

因正切函數的週期為 π，故先對於 0 至 π 間某些特殊的 x 值，求出其對應的函數值 y，列表如下：

x	0	$\dfrac{\pi}{6}$	$\dfrac{\pi}{4}$	$\dfrac{\pi}{3}$	$\dfrac{\pi}{2}$	$\dfrac{2\pi}{3}$	$\dfrac{3\pi}{4}$	$\dfrac{5\pi}{6}$	π	$\cdots$
y	0	$\dfrac{\sqrt{3}}{3}$	1	$\sqrt{3}$	$\infty\ \vdots\ -\infty$	$-\sqrt{3}$	-1	$-\dfrac{\sqrt{3}}{3}$	0	$\cdots$

由於 $\tan x$ 在 $x=\dfrac{\pi}{2}$ 處沒有定義，尤須注意 $\tan x$ 在 $x=\dfrac{\pi}{2}$ 前後的變化情形，如圖 9-19 所示.

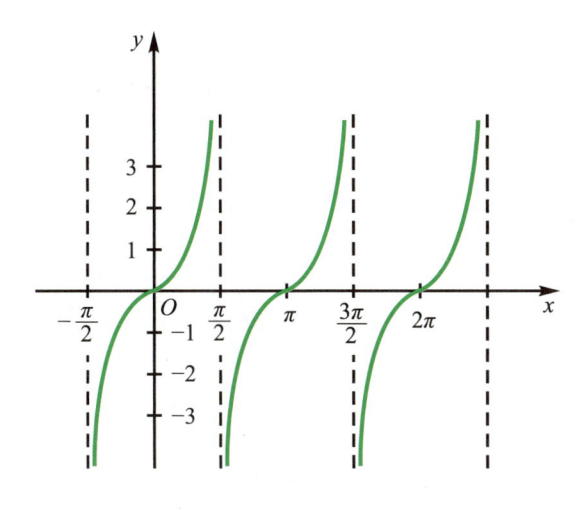

圖 9-19　$y=\tan x$ 的圖形

4. 餘切函數 $y=\cot x$

因餘切函數的週期為 π，故只需作出 0 至 π 間的圖形，然後沿 x-軸的左右，每隔 π 長重複作出其圖形，如圖 9-20 所示．

x	0	$\dfrac{\pi}{6}$	$\dfrac{\pi}{4}$	$\dfrac{\pi}{3}$	$\dfrac{\pi}{2}$	$\dfrac{2\pi}{3}$	$\dfrac{3\pi}{4}$	$\dfrac{5\pi}{6}$	π
y	∞	$\sqrt{3}$	1	$\dfrac{\sqrt{3}}{3}$	0	$-\dfrac{\sqrt{3}}{3}$	-1	$-\sqrt{3}$	$-\infty$

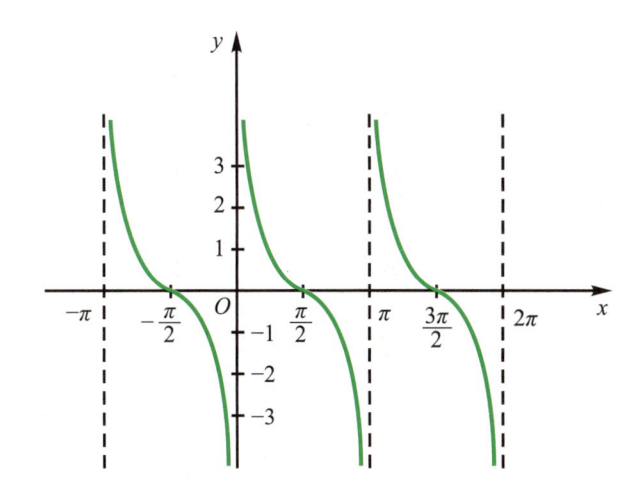

圖 9-20　$y=\cot x$ 的圖形

5. 正割函數 $y = \sec x$

因正割函數的週期為 2π，故先作出 $[0, 2\pi]$ 中的圖形，然後沿 x-軸的左右重複作出其圖形，如圖 9-21 所示．

x	0	$\frac{\pi}{6}$	$\frac{\pi}{4}$	$\frac{\pi}{3}$	$\frac{\pi}{2}$	$\frac{2\pi}{3}$	$\frac{3\pi}{4}$	$\frac{5\pi}{6}$	π	$\frac{7\pi}{6}$	$\frac{5\pi}{4}$	$\frac{4\pi}{3}$	$\frac{3\pi}{2}$	$\frac{5\pi}{3}$	$\frac{7\pi}{4}$	$\frac{11\pi}{6}$	2π	$\cdots$
y	0	$\frac{2}{\sqrt{3}}$	$\sqrt{2}$	2	$\infty \vdots -\infty$	-2	$-\sqrt{2}$	$-\frac{2}{\sqrt{3}}$	-1	$-\frac{2}{\sqrt{3}}$	$-\sqrt{2}$	-2	$-\infty \vdots \infty$	2	$\sqrt{2}$	$\frac{2}{\sqrt{3}}$	1	$\cdots$

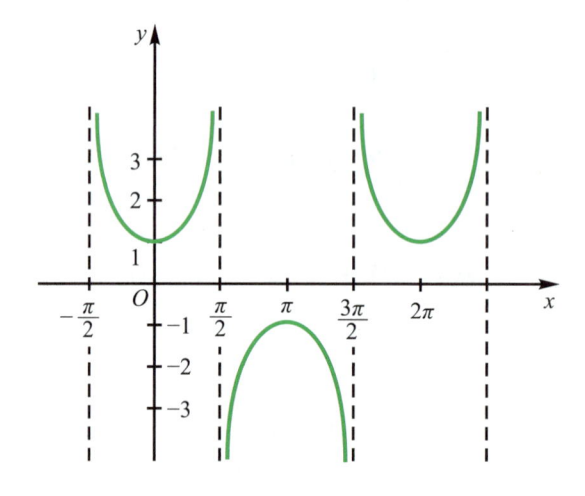

圖 9-21　$y = \sec x$ 的圖形

6. 餘割函數 $y = \csc x$

因為 $\csc\left(\dfrac{\pi}{2} + x\right) = \sec x$，故 $\sec x$ 的圖形可由 $\csc x$ 的圖形，向左平移 $\dfrac{\pi}{2}$ 而得．今已作出 $\sec x$ 的圖形，則可將 $\sec x$ 的圖形向右平移 $\dfrac{\pi}{2}$ 長而得，如圖 9-22 所示．

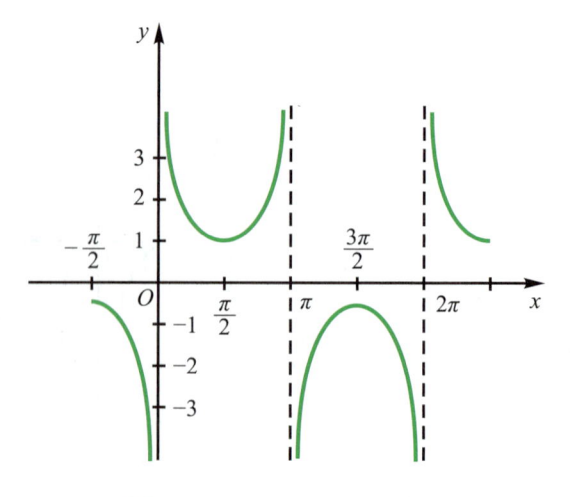

圖 9-22　$y = \csc x$ 的圖形

下面列出這六個三角函數的定義域與值域：

$y = \sin x$, $-\infty < x < \infty$, $-1 \leq y \leq 1$

$y = \cos x$, $-\infty < x < \infty$, $-1 \leq y \leq 1$

$y = \tan x$, $-\infty < x < \infty$ $\left(x \neq (2n+1)\dfrac{\pi}{2}\right)$, $-\infty < y < \infty$

$y = \cot x$, $-\infty < x < \infty$ $(x \neq n\pi)$, $-\infty < y < \infty$

$y = \sec x$, $-\infty < x < \infty$ $\left(x \neq (2n+1)\dfrac{\pi}{2}\right)$, $y \geq 1$ 或 $y \leq -1$

$y = \csc x$, $-\infty < x < \infty$ $(x \neq n\pi)$, $y \geq 1$ 或 $y \leq -1$

其中 n 為整數.

【例題 2】 作 $y = \sin 2x$ 的圖形.

【解】 此函數的週期為 $\dfrac{2\pi}{2} = \pi$，所以，當 x 以 π 改變時，$y = \sin 2x$ 的圖形重複一次，如圖 9-23 所示.

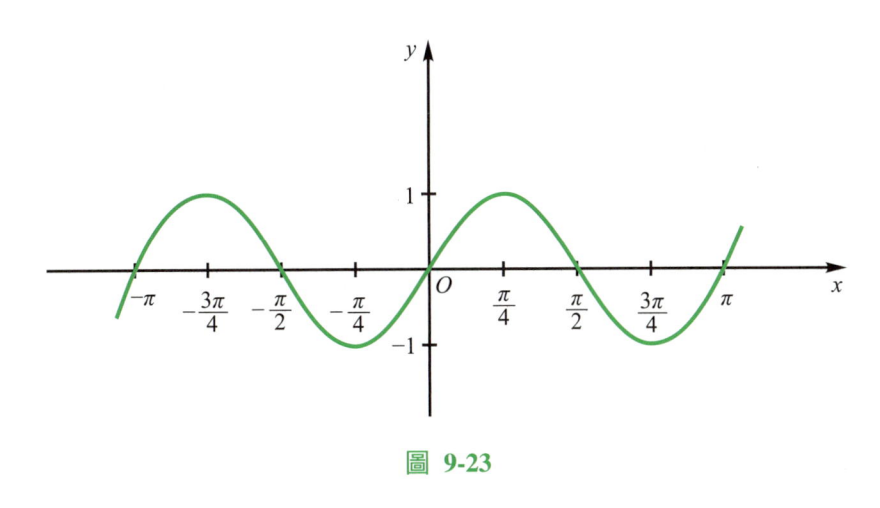

圖 9-23

【例題 3】 作函數 $y = |\sin x|$ 的圖形.

【解】 若 $\sin x \geq 0$，即 x 在第一、二象限內，則 $|\sin x| = \sin x$；若 $\sin x < 0$，即 x 在第三、四象限內，則 $|\sin x| = -\sin x$. 所以作圖時，只需將 x-軸下方

的圖形代以其對 x-軸的對稱圖形，如圖 9-24 所示.

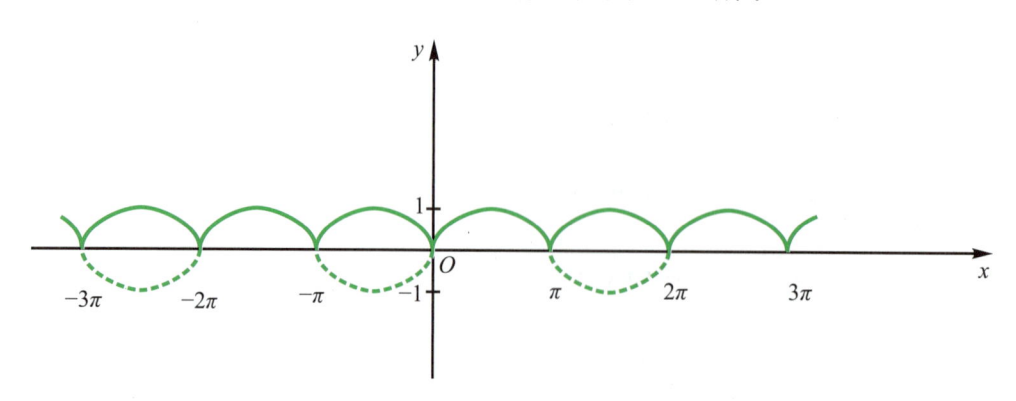

圖 9-24

隨堂練習 11 試繪出 $y=|\tan x|$ 之圖形.

答案：略

習題 9-5

試求下列各函數的週期.

1. $y=\sin \dfrac{x}{2}$

2. $y=\tan 2x$

3. $y=|\cos x|$

4. $y=|\tan 3x|$

5. $y=|\csc 2x|$

6. $y=\sin^2 x$

7. $y=\cos\left(3x+\dfrac{\pi}{3}\right)$

8. $y=\dfrac{3}{2}\sin 2\left(x-\dfrac{\pi}{4}\right)$

9. $y=|\sin x|+|\cos x|$

10. $y=\tan\left(x+\dfrac{\pi}{4}\right)$

11. $f(x)=3\cos 5x+6$

12. $y=\left|\tan\left(4x-\dfrac{\pi}{4}\right)\right|$

13. $f(x)=\sin \dfrac{x}{3}$

14. $y=\sin 2x-3\cos 6x+5$

試作下列各函數的圖形.

15. $y = -\cos x$
16. $y = 2\cos 3x$
17. $y = \sin 4x$
18. $y = |\cos x|$
19. $y = \tan \dfrac{x}{2}$
20. $y = \sin x + 2$

9-6　正弦定理與餘弦定理

　　測量問題衍生出三角學. 如何去測山高、河寬、飛機的高度、船的位置遠近等等, 皆為測量問題. 在解測量問題時, 常常需要用到很多的三角形邊角關係, 而利用已學過的三角函數性質, 可求得一般三角形的邊角關係——正弦定理與餘弦定理, 此二定理是三角形邊角關係中最實用的基本公式.

定理 9-3　面積公式

> 在 $\triangle ABC$ 中, 若 a、b 與 c 分別表 $\angle A$、$\angle B$ 與 $\angle C$ 的對邊長, 則
> $\triangle ABC$ 面積 $= \dfrac{1}{2}ab\sin C = \dfrac{1}{2}bc\sin A = \dfrac{1}{2}ca\sin B$.

證：$\triangle ABC$ 依 $\angle A$ 是銳角、直角或鈍角, 如圖 9-25 所示的情況.
　　在任何一種情況, 均自 C 點作邊 $\overline{AB}$ 上的高 $\overline{CD}$ (當 $\angle A$ 是直角時, $\overline{CD} = \overline{CA}$), 可得 $\overline{CD} = b\sin A$, 故

$$\triangle ABC \text{ 的面積} = \dfrac{1}{2}c \cdot (b\sin A) = \dfrac{1}{2}bc\sin A$$

同理可得,

$$\triangle ABC \text{ 的面積} = \dfrac{1}{2}ca\sin B = \dfrac{1}{2}ab\sin C.$$

(1) ∠A 是銳角　　　(2) ∠A 是直角

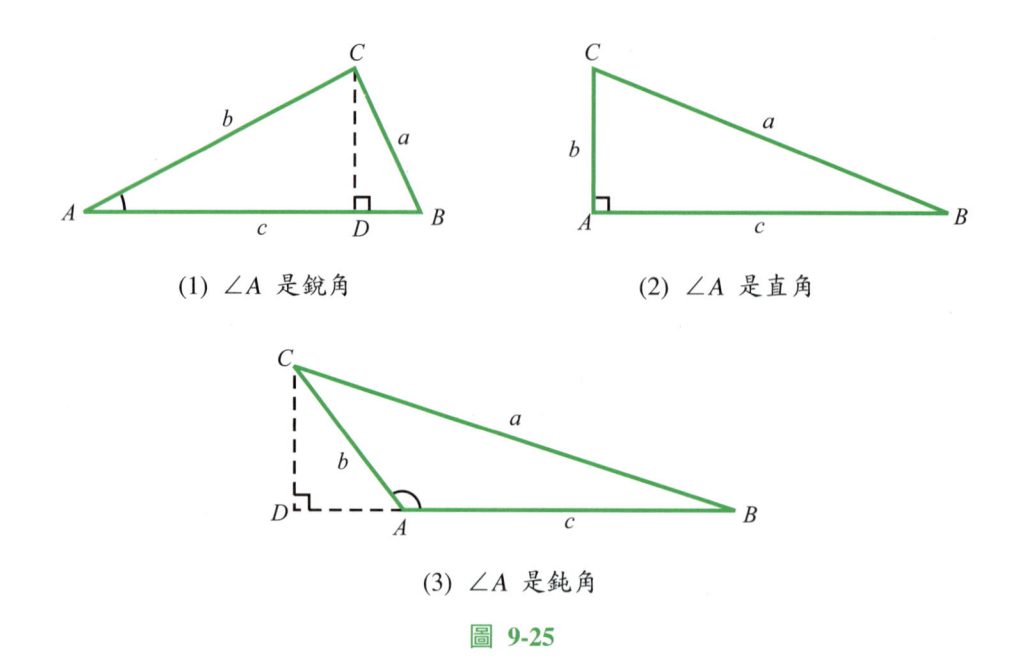

(3) ∠A 是鈍角

圖 9-25

定理 9-4　正弦定理

在 △ABC 中，若 a、b、c 分別表 ∠A、∠B 與 ∠C 的對邊長，R 表 △ABC 的外接圓半徑，則

$$\frac{a}{\sin A}=\frac{b}{\sin B}=\frac{c}{\sin C}=2R.$$

證：如圖 9-26：

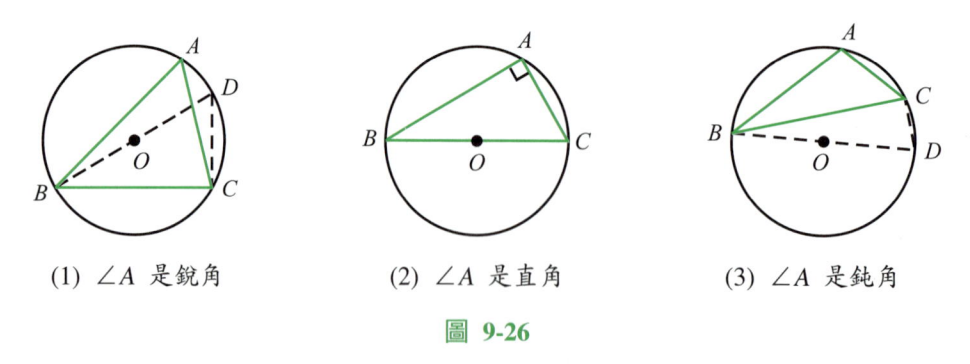

(1) ∠A 是銳角　　　(2) ∠A 是直角　　　(3) ∠A 是鈍角

圖 9-26

(1) 若 ∠A 為銳角，則連接 B 及圓心 O，交圓於 D 點. 作 $\overline{CD}$，則 ∠A = ∠D (對同弧)，可知 $\sin A = \sin D$，又 $\overline{BD}$ 為直徑，∠BCD = 90°，故 $\sin D = \dfrac{\overline{BC}}{\overline{BD}}$

$= \dfrac{a}{2R}$. 於是，$\sin A = \dfrac{a}{2R}$，即，$\dfrac{a}{\sin A} = 2R$.

(2) 若 $\angle A$ 為直角，則 $\sin A = 1$. 又 $a = \overline{BC} = 2R$，故 $\dfrac{a}{\sin A} = \dfrac{2R}{1} = 2R$.

(3) 若 $\angle A$ 為鈍角，則作直徑 $\overline{BD}$ 及 $\overline{CD}$，可知 $\angle A + \angle D = 180°$（因 A、B、C、D 四點共圓），故 $\angle A = 180° - \angle D$，$\sin A = \sin(180° - \angle D) = \sin D$. 又 $\angle BCD = 90°$，因而 $\sin D = \dfrac{\overline{BC}}{\overline{BD}} = \dfrac{a}{2R}$. 於是，$\sin A = \dfrac{a}{2R}$，即，$\dfrac{a}{\sin A} = 2R$.

由 (1)、(2)、(3) 知，$\dfrac{a}{\sin A} = 2R$. 同理可得

$$\dfrac{b}{\sin B} = 2R, \quad \dfrac{c}{\sin C} = 2R$$

故 $\dfrac{a}{\sin A} = \dfrac{b}{\sin B} = \dfrac{c}{\sin C} = 2R$.

註：$\dfrac{a}{\sin A} = \dfrac{b}{\sin B} = \dfrac{c}{\sin C}$ 的另一證法如下：

我們由面積公式可得

$$\dfrac{1}{2} bc \sin A = \dfrac{1}{2} ca \sin B = \dfrac{1}{2} ab \sin C$$

上式同時除以 $\dfrac{1}{2} abc$，可得

$$\dfrac{\sin A}{a} = \dfrac{\sin B}{b} = \dfrac{\sin C}{c}$$

故 $\dfrac{a}{\sin A} = \dfrac{b}{\sin B} = \dfrac{c}{\sin C}$.

【例題 1】 在 $\triangle ABC$ 中，試證：$\sin A + \sin B > \sin C$.

【解】 因三角形的任意兩邊之和大於第三邊，故 $a + b > c$. 由正弦定理可知

$$a = 2R \sin A,\ b = 2R \sin B,\ c = 2R \sin C$$

於是，$\qquad 2R \sin A + 2R \sin B > 2R \sin C$

兩邊同時除以 $2R$，可得

$$\sin A + \sin B > \sin C.\qquad\blacksquare$$

【例題 2】 在 $\triangle ABC$ 中，a、b 與 c 分別表 $\angle A$、$\angle B$ 與 $\angle C$ 的對邊長，若 $\angle A : \angle B : \angle C = 1 : 2 : 3$，求 $a : b : c$.

【解】 因三角形的內角和為 $180°$，故

$$\angle A = 180° \times \frac{1}{1+2+3} = 30°$$

$$\angle B = 180° \times \frac{2}{1+2+3} = 60°$$

$$\angle C = 180° \times \frac{3}{1+2+3} = 90°$$

由正弦定理可知

$$\begin{aligned}a : b : c &= \sin A : \sin B : \sin C \\ &= \sin 30° : \sin 60° : \sin 90° \\ &= \frac{1}{2} : \frac{\sqrt{3}}{2} : 1 \\ &= 1 : \sqrt{3} : 2.\end{aligned}\qquad\blacksquare$$

隨堂練習 12　$\triangle ABC$ 中，$\overline{AC} = 5$，$\overline{AB} = 12$，$\angle A = 60°$，試求 $\triangle ABC$ 之面積.

　　答案：$15\sqrt{3}$.

定理 9-5　餘弦定理

在 $\triangle ABC$ 中，若 a、b 與 c 分別表 $\angle A$、$\angle B$ 與 $\angle C$ 的對邊長，則

$$a^2 = b^2 + c^2 - 2bc \cos A$$
$$b^2 = c^2 + a^2 - 2ca \cos B$$
$$c^2 = a^2 + b^2 - 2ab \cos C.$$

證：△ABC 依 ∠A 為銳角、直角或鈍角，如圖 9-27 所示的情況：

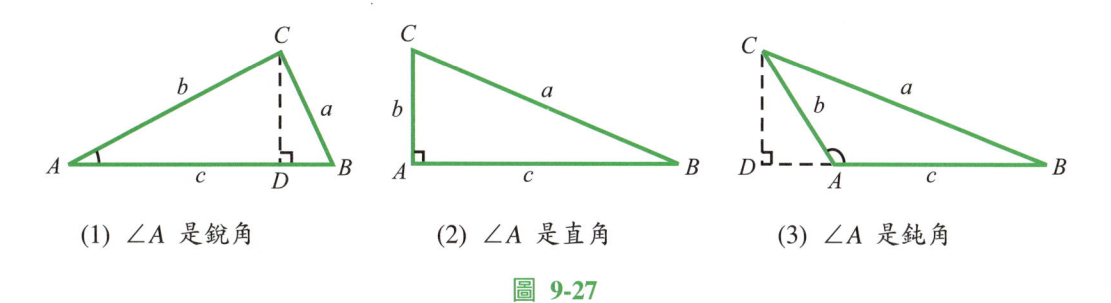

(1) ∠A 是銳角　　　(2) ∠A 是直角　　　(3) ∠A 是鈍角

圖 **9-27**

(1) 若 ∠A 為銳角，則作 $\overline{CD} \perp \overline{AB}$，可得

$$a^2 = \overline{CD}^2 + \overline{BD}^2 = (b\sin A)^2 + (c - \overline{AD})^2$$
$$= b^2 \sin^2 A + (c - b\cos A)^2$$
$$= b^2(\sin^2 A + \cos^2 A) + c^2 - 2bc\cos A$$
$$= b^2 + c^2 - 2bc\cos A.$$

(2) 若 ∠A 為直角，則 $\cos A = 0$，故 $a^2 = b^2 + c^2 = b^2 + c^2 - 2bc\cos A$。

(3) 若 ∠A 為鈍角，則作 $\overline{CD} \perp \overline{AD}$，可得

$$a^2 = \overline{CD}^2 + \overline{BD}^2$$
$$= [b\sin(180° - \angle A)]^2 + [c + b\cos(180° - \angle A)]^2$$
$$= b^2 \sin^2 A + (c - b\cos A)^2$$
$$= b^2 + c^2 - 2bc\cos A.$$

由 (1)、(2)、(3) 知，
$$a^2 = b^2 + c^2 - 2bc\cos A$$

同理，
$$b^2 = c^2 + a^2 - 2ca\cos B$$
$$c^2 = a^2 + b^2 - 2ab\cos C.$$

註：當 ∠A = 90° 時，$\cos A = 0$，此時，餘弦定理 $a^2 = b^2 + c^2 - 2bc\cos A$ 變成商高定理

$$a^2 = b^2 + c^2$$

換句話說，商高定理是餘弦定理的特例，而餘弦定理是商高定理的推廣.

隨堂練習 13 設 $\triangle ABC$ 滿足下列條件，試判定其形狀

$$\cos B \sin C = \sin B \cos C.$$

答案：等腰三角形.

習題 9-6

1. 在 $\triangle ABC$ 中，a、b 與 c 分別表 $\angle A$、$\angle B$ 與 $\angle C$ 的對邊長，已知 $a-2b+c=0$，$3a+b-2c=0$，求 $\cos A : \cos B : \cos C$.

2. 於 $\triangle ABC$ 中，$\angle A=80°$，$\angle B=40°$，$c=3\sqrt{3}$，求 $\triangle ABC$ 外接圓的半徑.

3. 於 $\triangle ABC$ 中，a、b、c 分別表 $\angle A$、$\angle B$、$\angle C$ 之對邊長，且 $a\sin A=2b\sin B=3c\sin C$，求 $a:b:c$.

4. 已知一三角形 ABC 之二邊 $b=10\sqrt{3}$、$c=10$ 及其一對角 $\angle B=120°$，試求 $\triangle ABC$ 之面積.

5. 於 $\triangle ABC$ 中，a、b、c 分別表 $\angle A$、$\angle B$、$\angle C$ 之對邊長，若 $a=\sqrt{2}$，$b=1+\sqrt{2}$，$\angle C=45°$，試求 c 之邊長.

6. 於 $\triangle ABC$ 中，$\sin A : \sin B : \sin C = 4 : 5 : 6$，求 $\cos A : \cos B : \cos C$.

7. 於 $\triangle ABC$ 中，若 $\angle C=\dfrac{\pi}{3}$，求 $\dfrac{b}{a+c}+\dfrac{a}{b+c}$ 之值.

8. 於 $\triangle ABC$ 中，$(a+b):(b+c):(c+a)=5:6:7$，試求 $\sin A : \sin B : \sin C$.

9. 設 $\triangle ABC$ 中，$\overline{AB}=2$，$\overline{AC}=1+\sqrt{3}$，$\angle A=\dfrac{\pi}{6}$，試求 $\overline{BC}$ 之長及 $\angle C$ 之角度有多大？

10. $\triangle ABC$ 中，a、b、c 分別表 $\angle A$、$\angle B$、$\angle C$ 的對應邊.
    (1) 若 $\sin^2 A+\sin^2 B=\sin^2 C$，試問此三角形之形狀為何？
    (2) 若 $a\sin A=b\sin B=c\sin C$，試問此三角形之形狀為何？

9-7 三角測量

一、三角測量

　　日常生活中有時會遇到需要計算河寬、山高或建築物高度的問題，但是礙於地形條件的限制，不容易直接取得，因此可以利用容易測量到的其他相關數據，再由"正弦定理"與"餘弦定理"計算出需要得知的數據．

　　先介紹測量上常用的術語──鉛垂線，水平線，仰角與俯角．目標物與地心的連線稱為鉛垂線，與鉛垂線垂直的直線，則稱為水平線．與觀測者視線與水平線所形成的夾角，仰視目標物或俯視目標物時所形成的角，分別稱為仰角與俯角（如圖 9-28）．

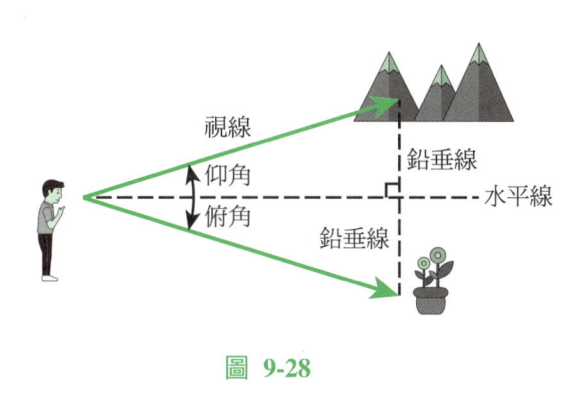

圖 9-28

【例題 1】　若某大樓一樓外側欲加建無障礙坡道，依規定坡道仰角最多不可超過 30°，已知台階面與地面高低落差（鉛直線）為 20 公分，則坡道面最短長度應為多少（如圖 9-29）？

【解】

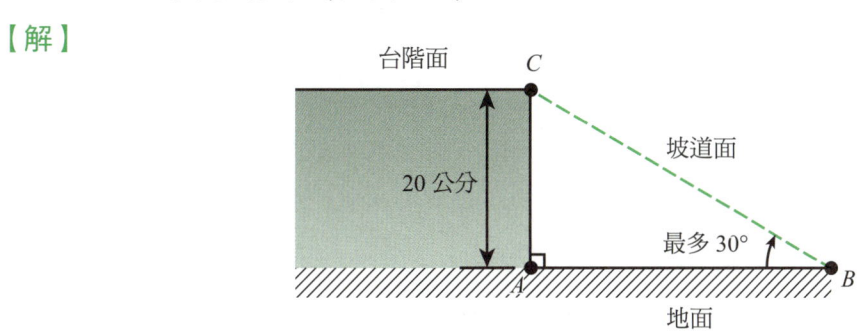

圖 9-29

如圖，若坡道仰角越小，所需建構的長度則越長，故當仰角為 30° 時坡道最短．

$$\sin 30° = \frac{1}{2} = \frac{\overline{AC}}{\overline{BC}} = \frac{\overline{AC}}{\overline{BC}}$$

故 $\overline{BC} = 40$ (公分)． ◻

【例題 2】 某人於山下 A 地點測得山頂的仰角為 30°，由 A 點向此山前行 100 公尺至 B 地點，此時山頂的仰角為 45°，求山頂高度為多少公尺 (如圖 9-30) ？

【解】

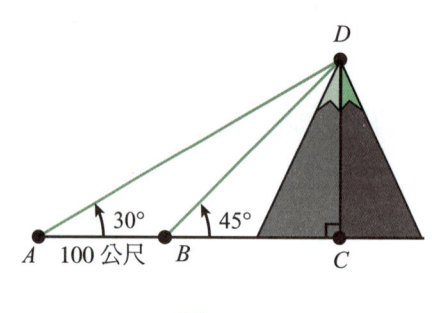

圖 9-30

若山頂高度為 $\overline{CD}$，設 $\overline{BC} = x$，則 $\tan 45° = \frac{\overline{CD}}{x} = 1$，故 $\overline{CD} = \overline{BC} = x$．

同時 $\tan 30° = \frac{x}{100+x} = \frac{1}{\sqrt{3}}$，因此 $\sqrt{3}x = 100 + x$，

可知 $\sqrt{3}x - x = x(\sqrt{3}x - 1) = 100$，

故山高 $x = \frac{100}{\sqrt{3}x - 1} \times \frac{\sqrt{3}+1}{\sqrt{3}+1} = \frac{100(\sqrt{3}x-1)}{2} = 50(1+\sqrt{3}x)$ 公尺． ◻

【例題 3】 若利用空拍機測量湖的寬度，已知空拍機與地面的垂直高度為 200 公尺，向下觀測湖的最寬兩側，與 A 點的俯角為 60°，空拍機定點自轉 90° 後，測得 B 點俯角為 45°，求湖的寬度為多少公尺 (如圖 9-31) ？

【解】

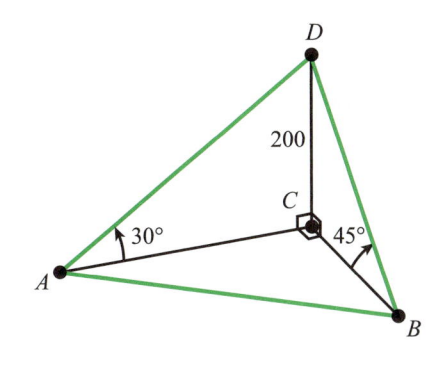

圖 9-31

$\tan 60° = \dfrac{\overline{AC}}{\overline{CD}} = \dfrac{\overline{AC}}{200} = \sqrt{3}$，所以 $\overline{AC} = 200\sqrt{3}$，轉向 B 點，

$\tan 45° = \dfrac{\overline{BC}}{\overline{CD}} = \dfrac{\overline{BC}}{200} = 1$，故 $\overline{BC} = 200$.

由畢式定理知 $\overline{AB}^2 = \overline{AC}^2 = \overline{BC}^2 = (200\sqrt{3})^2 + 200^2 = 4 \cdot 200^2$，

因此 $\overline{AB} = 2 \cdot 200 = 400$ 公尺. ∎

【例題 4】 若由 120 公尺高的瞭望台測量兩樹之間的距離，A 樹在瞭望台的正西方，從瞭望台測得 A 樹底部的俯角為 45°，左轉 30° 則有 B 樹. 從瞭望台測得 A 樹底部的俯角為 45°，B 樹底部的俯角為 30°，求兩樹的距離 (如圖 9-32).

【解】

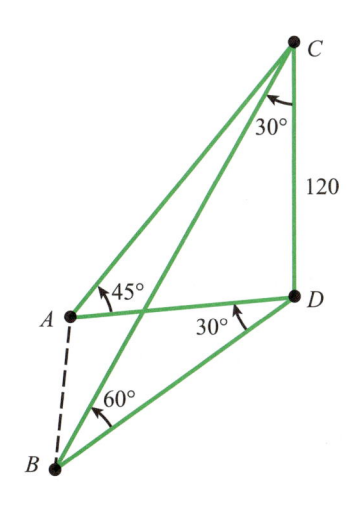

圖 9-32

如圖，自 C 測得 A、B 的俯角分別為 45° 與 30°，則自 A、B 測得瞭望台 C 的仰角分別為 45°、60°．瞭望台高度 $\overline{CD}=120=\overline{AD}$，

而 $\tan 60°=\dfrac{\overline{CD}}{\overline{BD}}=\sqrt{3}$，

故 $\overline{CD}=120=\sqrt{3}\cdot\overline{BD}$，$\overline{BD}=\dfrac{120}{\sqrt{3}}=40\sqrt{3}$，

利用餘弦定理可得

$$\overline{AB}^2=\overline{AD}^2=\overline{BD}^2-2\,\overline{AD}\cdot\overline{BD}\cdot\cos 30°$$
$$=120^2+(40\sqrt{3})^2-120\cdot 40\sqrt{3}\cdot\dfrac{\sqrt{3}}{2}$$
$$=4800,$$
$$\overline{AB}=\sqrt{4800}=40\sqrt{3}．$$

故兩樹的距離為 $40\sqrt{3}$ 公尺． ∎

二、三角函數值表

下面將介紹如何使用三角函數值表．本書的表格包含 0° 到 90° 之間的角度與其對應的正弦、餘弦與正切 (見附表 4)．將 1 度 等分為 60 分，即 1 度 = 60 分，記作 1° = 60′．表中以 10′ 為一單位．

【例題 5】　求 (1) $\cos 25°10′$，(2) $\sin 64°50′$．

【解】　(1) 查 0° 到 45° 時，角度看左邊找 25°，函數看上方，$\cos 25°10′\cong 0.9051$，

(2) 若查 45° 到 90° 時，角度看右邊找 64°，

函數看下方，$\sin 64°50′\cong 0.9051$． ∎

度	分	sin	cos	tan	cot	sec	csc	度	分
25	0	0.4226	0.9063	0.4663	2.1445	1.1034	2.3662	65	0
25	10	0.4253	0.9051	0.4699	2.1283	1.1049	2.3515	64	50
25	20	0.4279	0.9038	0.4734	2.1123	1.1064	2.3371	64	40
25	30	0.4305	0.9026	0.4770	2.0965	1.1079	2.3228	64	30
25	40	0.4331	0.9013	0.4806	2.0809	1.1095	2.3088	64	20
25	50	0.4358	0.9001	0.4841	2.0655	1.1110	2.2949	64	10
26	0	0.4384	0.8988	0.4877	2.0503	1.1126	2.2812	64	0
度	分	cos	sin	cot	tan	csc	sec	度	分

【例題 6】 求 $\sin 125°10'$．

【解】 $\sin 125°10' = \sin(90° + 35°) + 10' = \cos 35°10' \cong 0.5760$．　　■

三、線性內插法：將三角函數圖形視為直線，利用相似三角形的概念求近似值

【例題 7】 利用三角函數值表，求 $\sin 30°34'$ 近似值．

【解】 由三角函數值表知

$$\sin 30°30' \cong 0.5075, \quad \sin 30°40' \cong 0.5100$$

△ABF 與 △ADE 為相似三角形，

$$\frac{\overline{DE}}{\overline{BF}} = \frac{\overline{DE}}{0.5100 - 0.5075} = \frac{\overline{AE}}{\overline{AF}} = \frac{30°34' - 30°30'}{30°40' - 30°30'} = \frac{4}{10}$$

故 $\overline{DE} = \frac{4}{10} \cdot 0.0025 = 0.001$

$$\sin 30°30' \cong \overline{DE} + 0.5075 \cong 0.5085．$$

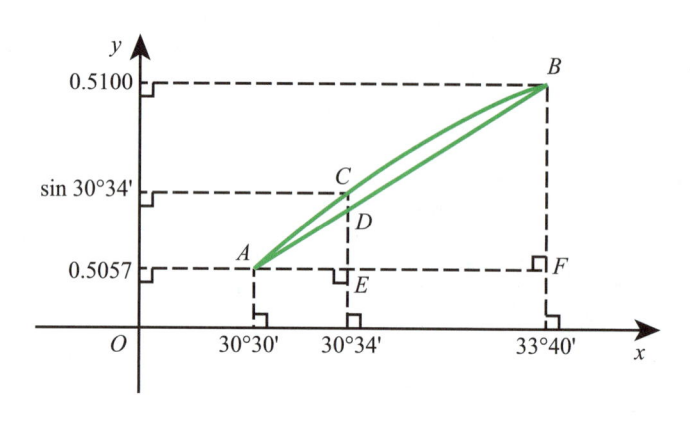

圖 9-33

四、利用計算機

對於任意銳角的三角函數值，例如 sin 35° 或 cos 58°12′，亦可由計算機求得．現以 CASIO 350 型來說明．進行三角函數計算時，需使用"MODE"鍵，按"MODE"鍵兩次直到角度單位設置畫面出現為止：1 Deg 為度度量、2 Rad 為弧度度量．選擇需要使用的角度單位對應的數字鍵後，便可開始計算．此外一般電算器，只有 sin、cos、tan，並無 cot、sec、csc，所以要求這些三角函數值的時候，就得利用倒數關係，例如 $\csc 25° = \dfrac{1}{\sin 25°} \approx 2.3662015$．

CASIO 350 型具有角度換算的功能，以此型計算器為例，程序上須先選擇欲轉換出的角度單位 (即按功能鍵 MODE 兩次)，再選擇已知角度的單位 (功能鍵 shift，與近右下 DRG 鍵)．

【例題 8】　化 23°15′30″ 為弧度．

【解】　23°15′30″ = 23° 15.5′ = 23.2583°

(1) 按功能鍵 MODE 兩次，再選 2 (設定轉換後的角度單位為弧度度量 R)

(2) 已知角度為度度量，故鍵入 23.2583 後按功能鍵 shift，再按 DRG 鍵 (即 Ans 鍵)，顯示幕上便出現 D 為度度量、R 為弧度度量．選 1 再按 =，故 23°15′30″ = 0.4059339 弧度．

(3) 將程序整理如下：

功能鍵 MODE 兩次 → 2 (弧度度量) → 23.2583 → 功能鍵 shift → DRG → 1 (度度量) → = 0.405933913． ∎

【例題 9】將 4.25 弧度轉換為度．

【解】功能鍵 MODE 兩次 → 1(度度量) → 4.25 → 功能鍵 shift → DRG → 2(弧度度量) → = 243.5070629°． ∎

【例題 10】用計算機求下列各三角函數值：

(1) sin 54°　　(2) cot 62°

(3) sin 63° 52′41″　(4) $\cos\left(\dfrac{\pi}{3}\right)$

【解】(1) (a) 按功能鍵 MODE 兩次，再選 1 (即設定角度單位為 DEG)

(b) 功能鍵 sin，再按 54 及 =，顯示器即出現 0.8090169

(c) 程序：功能鍵 MODE 兩次 −1 → 功能鍵 sin → 54 → = 0.8090169

(2) (a) 功能鍵 tan，再按 62 及 =，顯示器即出現 1.880726．

(b) $\cot 62° = \dfrac{1}{\tan 62°}$，故需按功能鍵 x^{-1}，再按 =，及可求出其值為 0.531709431．

(c) 程序：功能鍵 MODE 兩次 1 → 功能鍵 tan → 62 → 功能鍵 x^{-1} → = 0.531709431

(3) 按功能鍵 sin → 63 → 功能鍵 (∘ ′ ″) → 52 → 功能鍵 (∘ ′ ″) → 41 → 功能鍵 (∘ ′ ″) → = 0.897859012

(4) 功能鍵 cos → 功能鍵 (→ 功能鍵 shift → EXP(轉換為弧度 π) → ÷ 3 功 → 能鍵) → = 0.5 ∎

隨堂練習 14　請使用計算機求：

(1) $\sin\left(\dfrac{2\pi}{3}\right)$　　(2) cot 45°30′15″

答案：(1) −0.5　(2) 0.04897

隨堂練習 15 試求 $\sin^2 240° + \cos^2 300° - 2\tan(-585°)$ 的值（可使用平方功能鍵 x^2）.

答案：3.

習題 9-7

1. 某人測量一棟大樓，樓頂仰角為 30°，他再向大樓前進 50 公尺，測得樓頂仰角為 60°，求大樓高度．

2. 在 A、B 兩支旗竿底端連線段中某一點測得 A 旗竿頂端的仰角為 29°、B 旗竿頂端的仰角為 15°．在底端連線段中另一點測得 A 旗竿頂端的仰角為 26°，B 旗竿頂端的仰角為 19°．則 A 旗竿高度和 B 旗竿高度的比值約為多少？（四捨五入到小數點後第一位）

θ	15°	19°	26°	29°
$\cot\theta$	3.73	2.90	2.05	1.80

3. 某地有一湖泊，欲測量湖岸兩點 AB 長度，但湖岸前設有圍欄無法靠近，故在圍欄外選定 C、D 兩點，間距為 40 公尺，從 C 可看到三點 A、B、D，並測得 $\angle ACD = 120°$，從 D 則可看到三點 A、B、C，測得 $\angle CDB = 135°$，若已知 $\angle BCD = 30°$，$\angle ADC = 45°$，則湖長 (AB) 為幾公尺？

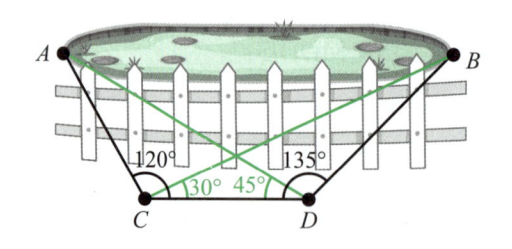

4. 欲測量 A、B 兩點間距離，因中間有湖泊阻礙，於 A、B 點外找另一點 C，測得 A、C 相距 500 公尺，$\angle BAC = 45°$，$\angle ACB = 30°$，求 AB 距離．

5. 預測量樹的高度，在地面上 A、B 二點分別測得與樹頂 C 之仰角為 30° 與 45°，AB 相距 $10\sqrt{2}$ 公尺，且由 C 測得 A、B 二點之視角（即 $\angle ACB=135°$），求樹高幾公尺？

第 9 章 三角函數　51

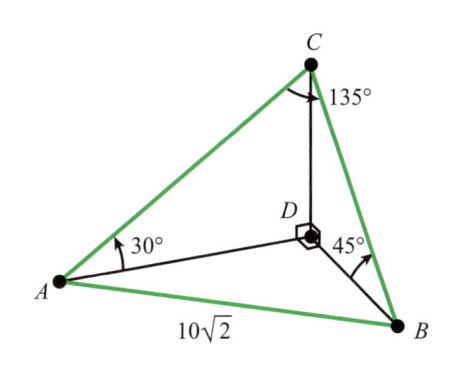

6. 若欲測量無人空拍機高度，自地面上 C, D, E 三點分別測得仰角 30°，45° 及 60°，且與空拍機垂足不共線，CD 相距 150 公尺，DE 相距 100 公尺，則高度多少公尺？

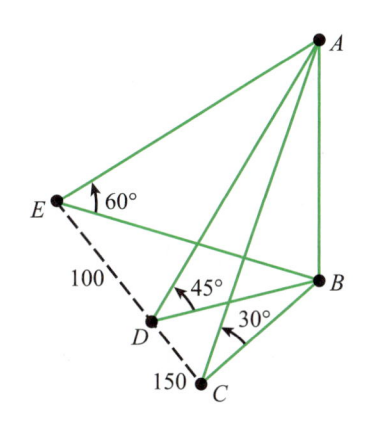

7. 承上題，若 CD, DE 均相距 200 公尺，即 D 地點位於 C、D 中點則山高多少公尺？

8. 塔頂端插有一高 4 公尺的旗桿，欲測量塔高，從地面上一點測得旗桿頂的仰角為 30°，測得塔頂仰角為 25°，求塔的高度．（可查表或使用計算機）

9. 一條無障礙坡道長 20 公尺，坡度為 12°．為增加安全與便利爬坡，擬將此步道坡度定為 10，新步道應規劃長多少公尺？

10. 利用三角函數值表求下列各題：

    (1) $\sin 15°20'$　　(2) $\tan 50°10'$　　(3) $\sin 191°20'$

11. 利用三角函數值表與線性內插法，求下列各值：

    (1) $\cos 17°45'$　　(2) θ 為銳角且 $\tan \theta = 0.1923$，求 θ 的近似值

12. 請使用計算機求：

    (1) $\cos 45°30'15''$　　(2) $\cot\left(\dfrac{3\pi}{7}\right)$

9-8 和角公式

本節要導出如何利用 α、β 的三角函數值求出 α±β 的三角函數值的公式，稱為和角公式。

定理 9-6　和角公式

設 α、β 為任意實數，則
$$\cos(\alpha-\beta)=\cos\alpha\,\cos\beta+\sin\alpha\,\sin\beta.$$

證：若 $\alpha=\beta$，則 $\cos(\alpha-\beta)=1$ 滿足以上的結果。

若 $\alpha\neq\beta$，則 $\cos(\alpha-\beta)=\cos(\beta-\alpha)$，因此我們可以假設 $\alpha>\beta$，而在不失其一般性下，就 $0<\beta<\alpha<2\pi$ 來討論。

於坐標平面上，以原點 O 為圓心，作一單位圓，分別將 α 與 β 畫於標準位置上。設角 α、β 之終邊與此圓的交點分別為 P 與 Q，如圖 9-34 所示，則 P 與 Q 的坐標分別為 $(\cos\alpha,\sin\alpha)$ 與 $(\cos\beta,\sin\beta)$，故由距離公式得知，

$$\begin{aligned}\overline{PQ}^2&=(\cos\alpha-\cos\beta)^2+(\sin\alpha-\sin\beta)^2\\&=\cos^2\alpha-2\cos\alpha\cos\beta+\cos^2\beta+\sin^2\alpha-2\sin\alpha\sin\beta+\sin^2\beta\\&=(\sin^2\alpha+\cos^2\alpha)+(\sin^2\beta+\cos^2\beta)-2(\cos\alpha\cos\beta+\sin\alpha\sin\beta)\\&=2-2(\cos\alpha\cos\beta+\sin\alpha\sin\beta)\cdots\cdots①\end{aligned}$$

(1) $0<\alpha-\beta<\pi$　　(2) $\alpha-\beta=\pi$　　(3) $\pi<\alpha-\beta<2\pi$

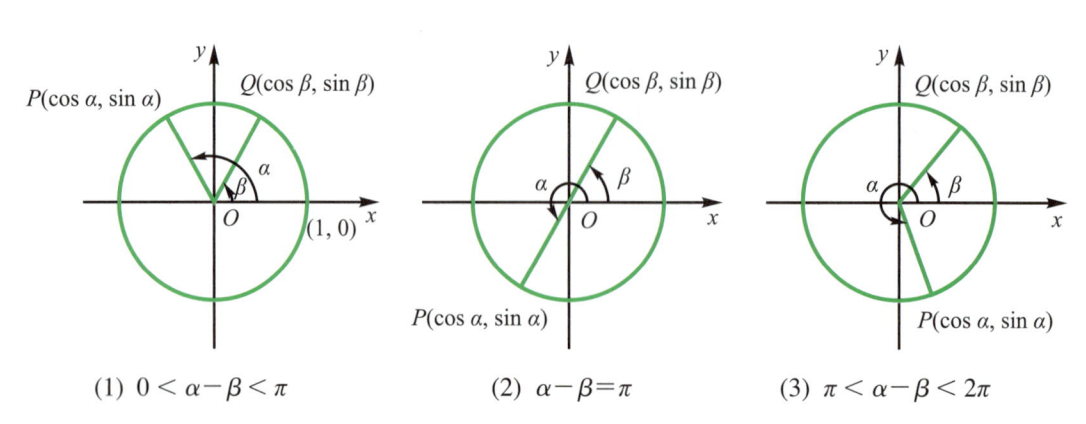

圖 9-34

現在討論 $0 < \alpha - \beta < \pi$ 的情況，$\angle POQ = \alpha - \beta$，根據餘弦定理可得

$$\overline{PQ}^2 = 1^2 + 1^2 - 2\cos(\alpha - \beta) = 2 - 2\cos(\alpha - \beta) \quad \cdots\cdots\cdots ②$$

由 ①、② 可得

$$2 - 2\cos(\alpha - \beta) = 2 - 2(\cos\alpha\cos\beta + \sin\alpha\sin\beta)$$

故

$$\cos(\alpha - \beta) = \cos\alpha\cos\beta + \sin\alpha\sin\beta$$

另外兩種情況留給讀者自證.

定理 9-7

對任意 $\alpha \in \mathbb{R}$ 而言，皆有

$$\sin\left(\frac{\pi}{2} - \alpha\right) = \cos\alpha, \qquad \cos\left(\frac{\pi}{2} - \alpha\right) = \sin\alpha$$

$$\sec\left(\frac{\pi}{2} - \alpha\right) = \csc\alpha, \qquad \csc\left(\frac{\pi}{2} - \alpha\right) = \sec\alpha$$

$$\tan\left(\frac{\pi}{2} - \alpha\right) = \cot\alpha, \qquad \cot\left(\frac{\pi}{2} - \alpha\right) = \tan\alpha.$$

證：由定理 9-6 知，

$$\sin\left(\frac{\pi}{2} - \alpha\right) = \cos\left[\frac{\pi}{2} - \left(\frac{\pi}{2} - \alpha\right)\right] = \cos\alpha$$

$$\cos\left(\frac{\pi}{2} - \alpha\right) = \cos\frac{\pi}{2}\cos\alpha + \sin\frac{\pi}{2}\sin\alpha = \sin\alpha$$

$$\tan\left(\frac{\pi}{2} - \alpha\right) = \frac{\sin\left(\frac{\pi}{2} - \alpha\right)}{\cos\left(\frac{\pi}{2} - \alpha\right)} = \frac{\cos\alpha}{\sin\alpha} = \cot\alpha$$

$$\cot\left(\frac{\pi}{2}-\alpha\right)=\frac{\cos\left(\frac{\pi}{2}-\alpha\right)}{\sin\left(\frac{\pi}{2}-\alpha\right)}=\frac{\sin\alpha}{\cos\alpha}=\tan\alpha$$

$$\sec\left(\frac{\pi}{2}-\alpha\right)=\frac{1}{\cos\left(\frac{\pi}{2}-\alpha\right)}=\frac{1}{\sin\alpha}=\csc\alpha$$

$$\csc\left(\frac{\pi}{2}-\alpha\right)=\frac{1}{\sin\left(\frac{\pi}{2}-\alpha\right)}=\frac{1}{\cos\alpha}=\sec\alpha.$$

定理 9-8　和角公式

設 α、β 為任意實數，則

$$\sin(\alpha-\beta)=\sin\alpha\,\cos\beta-\cos\alpha\,\sin\beta.$$

證：利用餘角公式及負角公式，可得

$$\begin{aligned}\sin(\alpha-\beta)&=\cos\left[\frac{\pi}{2}-(\alpha-\beta)\right]=\cos\left[\left(\frac{\pi}{2}-\alpha\right)-(-\beta)\right]\\&=\cos\left(\frac{\pi}{2}-\alpha\right)\cos(-\beta)+\sin\left(\frac{\pi}{2}-\alpha\right)\sin(-\beta)\\&=\sin\alpha\,\cos\beta-\cos\alpha\,\sin\beta.\end{aligned}$$

定理 9-9　和角公式

設 α、β 為任意實數，則有

$$\sin(\alpha+\beta)=\sin\alpha\,\cos\beta+\cos\alpha\,\sin\beta$$
$$\cos(\alpha+\beta)=\cos\alpha\,\cos\beta-\sin\alpha\,\sin\beta.$$

證：$\sin(\alpha+\beta) = \cos\left[\dfrac{\pi}{2}-(\alpha+\beta)\right] = \cos\left[\left(\dfrac{\pi}{2}-\alpha\right)-\beta\right]$

$= \cos\left(\dfrac{\pi}{2}-\alpha\right)\cos\beta + \sin\left(\dfrac{\pi}{2}-\alpha\right)\sin\beta$

$= \sin\alpha\,\cos\beta + \cos\alpha\,\sin\beta$

$\cos(\alpha+\beta) = \cos[\alpha-(-\beta)] = \cos\alpha\,\cos(-\beta) + \sin\alpha\,\sin(-\beta)$

$= \cos\alpha\,\cos\beta - \sin\alpha\,\sin\beta.$

定理 9-10　正切的和角公式

> 設 α、β 為任意實數，則
>
> $$\tan(\alpha+\beta) = \dfrac{\tan\alpha+\tan\beta}{1-\tan\alpha\tan\beta}$$
>
> $$\tan(\alpha-\beta) = \dfrac{\tan\alpha-\tan\beta}{1+\tan\alpha\tan\beta}.$$

證：$\tan(\alpha+\beta) = \dfrac{\sin(\alpha+\beta)}{\cos(\alpha+\beta)} = \dfrac{\sin\alpha\cos\beta+\cos\alpha\sin\beta}{\cos\alpha\cos\beta-\sin\alpha\sin\beta}$

上式右端的分子與分母同除以 $\cos\alpha\,\cos\beta$，得

$$\tan(\alpha+\beta) = \dfrac{\dfrac{\sin\alpha}{\cos\alpha}+\dfrac{\sin\beta}{\cos\beta}}{1-\dfrac{\sin\alpha\sin\beta}{\cos\alpha\cos\beta}} = \dfrac{\tan\alpha+\tan\beta}{1-\tan\alpha\tan\beta}$$

依同樣的方法亦可證得第二個恆等式．

【例題 1】　試證：$\cos(\alpha+\beta)\,\cos(\alpha-\beta) = \cos^2\alpha - \sin^2\beta = \cos^2\beta - \sin^2\alpha.$

【解】　$\cos(\alpha+\beta)\,\cos(\alpha-\beta)$

$= (\cos\alpha\,\cos\beta - \sin\alpha\,\sin\beta)(\cos\alpha\,\cos\beta + \sin\alpha\,\sin\beta)$

$= \cos^2\alpha\,\cos^2\beta - \sin^2\alpha\,\sin^2\beta$

$$= \cos^2 \alpha \ (1-\sin^2 \beta)-(1-\cos^2 \alpha) \ \sin^2 \beta$$
$$= \cos^2 \alpha - \cos^2 \alpha \ \sin^2 \beta - \sin^2 \beta + \cos^2 \alpha \ \sin^2 \beta$$
$$= \cos^2 \alpha - \sin^2 \beta$$
$$= (1-\sin^2 \alpha)-(1-\cos^2 \beta)$$
$$= \cos^2 \beta - \sin^2 \alpha.$$
∎

【例題 2】 試求下列三角函數的值.

(1) $\cos 15°$ (2) $\cos 75°$.

【解】 (1) $\cos 15° = \cos (45°-30°) = \cos 45° \cos 30° + \sin 45° \sin 30°$
$$= \frac{\sqrt{2}}{2} \cdot \frac{\sqrt{3}}{2} + \frac{\sqrt{2}}{2} \cdot \frac{1}{2}$$
$$= \frac{\sqrt{6}+\sqrt{2}}{4}.$$

(2) $\cos 75° = \cos (45°+30°) = \cos 45° \cos 30° - \sin 45° \sin 30°$
$$= \frac{\sqrt{2}}{2} \cdot \frac{\sqrt{3}}{2} - \frac{\sqrt{2}}{2} \cdot \frac{1}{2}$$
$$= \frac{\sqrt{6}-\sqrt{2}}{4}.$$
∎

隨堂練習 16　求 $\sin 105°$ 之值.

答案：$\dfrac{\sqrt{6}+\sqrt{2}}{4}$.

【例題 3】 設 $\sin \alpha = \dfrac{12}{13}$，$\alpha$ 為第一象限角，$\sec \beta = -\dfrac{3}{5}$，$\beta$ 為第二象限角，求 $\tan (\alpha+\beta)$ 的值.

【解】 由圖 9-35 得知 $\tan \alpha = \dfrac{12}{5}$，$\tan \beta = -\dfrac{4}{3}$，故

$$\tan(\alpha+\beta) = \frac{\tan\alpha+\tan\beta}{1-\tan\alpha\tan\beta} = \frac{\dfrac{12}{5}+\left(-\dfrac{4}{3}\right)}{1-\dfrac{12}{5}\left(-\dfrac{4}{3}\right)}$$

$$= \frac{\dfrac{16}{15}}{\dfrac{63}{15}} = \frac{16}{63}.$$

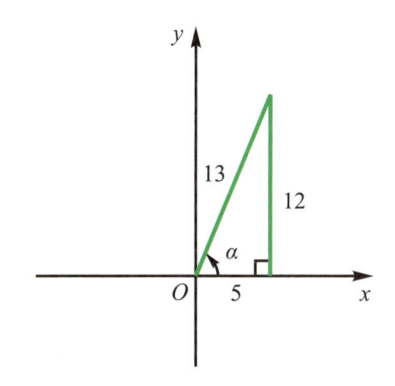

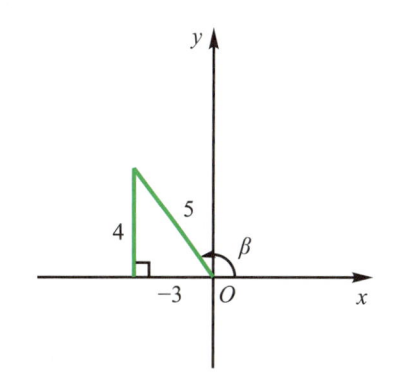

圖 9-35

【例題 4】 若 $x^2+2x-7=0$ 的二根為 $\tan\alpha$、$\tan\beta$，試求 $\dfrac{\cos(\alpha-\beta)}{\sin(\alpha+\beta)}$ 之值.

【解】 利用一元二次方程式根與係數的關係，得知

$$\begin{cases} \tan\alpha+\tan\beta=-2 \\ \tan\alpha\tan\beta=-7 \end{cases}$$

$$\frac{\cos(\alpha-\beta)}{\sin(\alpha+\beta)} = \frac{\cos\alpha\cos\beta+\sin\alpha\sin\beta}{\sin\alpha\cos\beta+\cos\alpha\sin\beta}$$

$$= \frac{\dfrac{\cos\alpha\cos\beta+\sin\alpha\sin\beta}{\cos\alpha\cos\beta}}{\dfrac{\sin\alpha\cos\beta+\cos\alpha\sin\beta}{\cos\alpha\cos\beta}}$$

$$= \frac{1+\tan\alpha\tan\beta}{\tan\alpha+\tan\beta}$$

$$= \frac{1+(-7)}{-2} = 3.$$ ▪

【例題 5】 試證：$\tan(\beta+45°)+\cot(\beta-45°)=0.$

【解】 左式 $= \dfrac{\tan\beta+\tan 45°}{1-\tan\beta\tan 45°} + \dfrac{1}{\tan(\beta-45°)}$

$= \dfrac{\tan\beta+1}{1-\tan\beta} + \dfrac{1}{\dfrac{\tan\beta-\tan 45°}{1+\tan\beta\tan 45°}}$

$= \dfrac{\tan\beta+1}{1-\tan\beta} + \dfrac{1+\tan\beta}{\tan\beta-1}$

$= \dfrac{\tan\beta+1}{1-\tan\beta} - \dfrac{1+\tan\beta}{1-\tan\beta} = 0.$ ▪

隨堂練習 17 於坐標平面上，O 表原點，$A(2, 4)$ 與 $B(3, 1)$ 表坐標平面上二點．設 $\angle AOB = \phi$，如圖 9-36 所示，試求 $\tan\phi$ 之值及 ϕ．

答案：$\tan\phi = 1$，$\phi = 45°$．

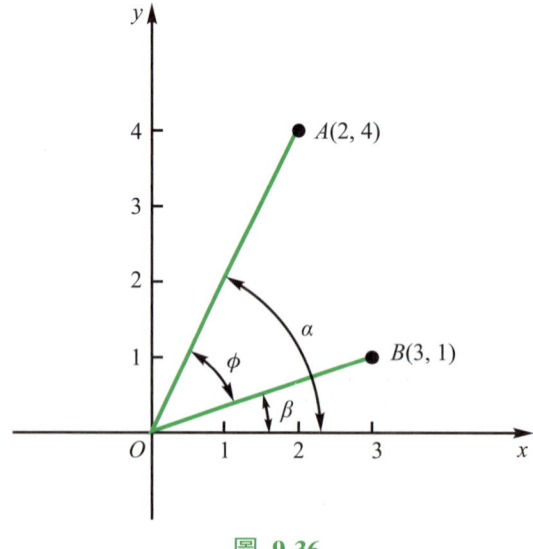

圖 9-36

【例題 6】 試證：$\tan 3\alpha - \tan 2\alpha - \tan \alpha = \tan 3\alpha \, \tan 2\alpha \, \tan \alpha$.

【解】 因 $\tan 3\alpha = \tan(2\alpha + \alpha) = \dfrac{\tan 2\alpha + \tan \alpha}{1 - \tan 2\alpha \tan \alpha}$

故 $\tan 3\alpha \,(1 - \tan 2\alpha \, \tan \alpha) = \tan 2\alpha + \tan \alpha$

移項得 $\tan 3\alpha - \tan 2\alpha - \tan \alpha = \tan 3\alpha \, \tan 2\alpha \, \tan \alpha$. ∎

習題 9-8

1. 求：(1) $\tan 75°$，(2) $\tan 15°$ 的值.

2. 求 $\sin 20° \cos 25° + \cos 20° \sin 25°$ 的值.

3. 設 $\dfrac{3\pi}{2} < \alpha < 2\pi$，$\dfrac{\pi}{2} < \beta < \pi$，$\cos \alpha = \dfrac{3}{5}$，$\sin \beta = \dfrac{12}{13}$，求 $\sin(\alpha + \beta)$ 的值.

4. 設 $0 < \alpha < \dfrac{\pi}{4}$，$0 < \beta < \dfrac{\pi}{4}$，且 $\tan \alpha = \dfrac{1}{2}$，$\tan \beta = \dfrac{1}{3}$，求 $\tan(\alpha + \beta)$ 及 $\alpha + \beta$ 的值.

5. 設 $\alpha + \beta = \dfrac{\pi}{4}$，求 $(1 + \tan \alpha)(1 + \tan \beta)$ 的值.

6. 設 A、B、C 為 $\triangle ABC$ 之三內角的度量，求

$\tan \dfrac{A}{2} \tan \dfrac{B}{2} + \tan \dfrac{B}{2} \tan \dfrac{C}{2} + \tan \dfrac{C}{2} \tan \dfrac{A}{2}$ 的值.

7. 設 $\cos \alpha$ 與 $\cos \beta$ 為一元二次方程式 $x^2 - 3x + 2 = 0$ 的兩根，求 $\cos(\alpha + \beta) \cos(\alpha - \beta)$ 的值.

8. 設 $\dfrac{\pi}{2} < \alpha < \pi$，且 $\tan\left(\alpha - \dfrac{\pi}{4}\right) = 3 - 2\sqrt{2}$，求 $\tan \alpha$ 及 $\sin \alpha$ 的值.

9. 設 A、B 均為銳角，$\tan A = \dfrac{1}{3}$，$\tan B = \dfrac{1}{2}$，求 $A + B$ 的值.

10. 設 α、β 與 γ 為一三角形的內角，試證：

$\tan \alpha + \tan \beta + \tan \gamma = \tan \alpha \tan \beta \tan \gamma$.

11. 設 $\tan \alpha$ 與 $\tan \beta$ 為二次方程式 $x^2 + 6x + 7 = 0$ 的兩根，求 $\tan(\alpha + \beta)$ 的值.

12. 試求 $\tan 85°+\tan 50°-\tan 85° \tan 50°$ 之值.

13. 設 $\tan \alpha=1$，$\tan(\alpha-\beta)=\dfrac{1}{\sqrt{3}}$，試求 $\tan \beta$ 之值.

14. 在 $\triangle ABC$ 中，$\cos A=\dfrac{4}{5}$，$\cos B=\dfrac{12}{13}$，試求 $\cos C$.

15. 試求 $\sqrt{3} \cot 20° \cot 40°-\cot 20°-\cot 40°$ 之值.

16. 若 $\alpha+\beta+\gamma=\dfrac{\pi}{2}$，試證：$\cot \alpha+\cot \beta+\cot \gamma=\cot \alpha \cot \beta \cot \gamma$.

17. 試證：$1-\tan 12°-\tan 33°=\tan 12° \tan 33°$.

9-9　倍角與半角公式、和與積互化公式

我們在正弦、餘弦、正切的和角公式中，令 $\alpha=\beta=\theta$，可得**倍角公式**.

定理 9-11　二倍角公式

$$\sin 2\theta=2 \sin \theta \cos \theta$$

$$\cos 2\theta =\cos^2 \theta-\sin^2 \theta=1-2 \sin^2 \theta$$

$$=2\cos^2 \theta-1$$

$$\tan 2\theta=\dfrac{2 \tan \theta}{1-\tan^2 \theta}$$

證：$\sin 2\theta=\sin (\theta+\theta)=\sin \theta \cos \theta+\cos \theta \sin \theta=2 \sin \theta \cos \theta$

$\cos 2\theta=\cos (\theta+\theta)=\cos \theta \cos \theta-\sin \theta \sin \theta=\cos^2 \theta-\sin^2 \theta$

$=\cos^2 \theta-(1-\cos^2 \theta)=2 \cos^2 \theta-1=1-\sin^2 \theta-\sin^2 \theta$

$=1-2 \sin^2 \theta$

$\tan 2\theta=\tan (\theta+\theta)=\dfrac{\tan \theta+\tan \theta}{1-\tan \theta \tan \theta}=\dfrac{2 \tan \theta}{1-\tan^2 \theta}$.

【例題 1】 試證：$\sin 2\theta = \dfrac{2\tan\theta}{1+\tan^2\theta}$．

【解】 $\sin 2\theta = 2\sin\theta\cos\theta = \dfrac{2\sin\theta}{\cos\theta}\cdot\cos^2\theta$

$\qquad\qquad = 2\tan\theta\cdot\dfrac{1}{\sec^2\theta} = \dfrac{2\tan\theta}{1+\tan^2\theta}$． ∎

定理 9-12　半角公式

$$\sin\dfrac{\theta}{2} = \pm\sqrt{\dfrac{1-\cos\theta}{2}} \qquad \cos\dfrac{\theta}{2} = \pm\sqrt{\dfrac{1+\cos\theta}{2}}$$

$$\tan\dfrac{\theta}{2} = \pm\sqrt{\dfrac{1-\cos\theta}{1+\cos\theta}} \qquad \cot\dfrac{\theta}{2} = \pm\sqrt{\dfrac{1+\cos\theta}{1-\cos\theta}}$$

以上諸式中，根號前正負號的取捨，視角 $\dfrac{\theta}{2}$ 所在的象限而定．

證：因 $\cos\theta = \cos\left(2\cdot\dfrac{\theta}{2}\right) = 1 - 2\sin^2\dfrac{\theta}{2}$

故 $\sin^2\dfrac{\theta}{2} = \dfrac{1-\cos\theta}{2}$

$\qquad\sin\dfrac{\theta}{2} = \pm\sqrt{\dfrac{1-\cos\theta}{2}}$

另有關 $\cos\dfrac{\theta}{2}$, $\tan\dfrac{\theta}{2}$, $\cot\dfrac{\theta}{2}$ 之證明請讀者自證．

【例題 2】 設 $x = \tan\dfrac{\theta}{2}$，試證明 $\sin\theta = \dfrac{2x}{1+x^2}$．

【解】 因 $\sin\theta = \sin 2\cdot\dfrac{\theta}{2} = 2\sin\dfrac{\theta}{2}\cos\dfrac{\theta}{2}$

$$= \frac{2\sin\frac{\theta}{2}\cos^2\frac{\theta}{2}}{\cos\frac{\theta}{2}} = \frac{2\tan\frac{\theta}{2}}{\sec^2\frac{\theta}{2}} = \frac{2\tan\frac{\theta}{2}}{1+\tan^2\frac{\theta}{2}}$$

故 $\sin\theta = \dfrac{2x}{1+x^2}$． ∎

【例題 3】 試證：$\tan\dfrac{\theta}{2} = \dfrac{\sin\theta}{1+\cos\theta}$．

【解】
$$\tan\frac{\theta}{2} = \frac{\sin\frac{\theta}{2}}{\cos\frac{\theta}{2}} = \frac{2\sin\frac{\theta}{2}\cos\frac{\theta}{2}}{2\cos^2\frac{\theta}{2}}$$

$$= \frac{\sin\theta}{2\cdot\dfrac{1+\cos\theta}{2}} = \frac{\sin\theta}{1+\cos\theta}．$$ ∎

定理 9-13　積化和差公式

$$\sin\alpha\cos\beta = \frac{1}{2}[\sin(\alpha+\beta)+\sin(\alpha-\beta)]$$

$$\cos\alpha\sin\beta = \frac{1}{2}[\sin(\alpha+\beta)-\sin(\alpha-\beta)]$$

$$\cos\alpha\cos\beta = \frac{1}{2}[\cos(\alpha+\beta)+\cos(\alpha-\beta)]$$

$$\sin\alpha\sin\beta = -\frac{1}{2}[\cos(\alpha+\beta)-\cos(\alpha-\beta)]$$

【例題 4】 求 $\cos 75° \cos 15°$ 之值.

【解】 原式 $= \dfrac{1}{2}[\cos(75°+15°)+\cos(75°-15°)]$

$= \dfrac{1}{2}[\cos 90° + \cos 60°]$

$= \dfrac{1}{2}\left[0+\dfrac{1}{2}\right]$

$= \dfrac{1}{4}.$ ■

定理 9-14　和差化積公式

$$\sin x + \sin y = 2 \sin \dfrac{x+y}{2} \cos \dfrac{x-y}{2}$$

$$\sin x - \sin y = 2 \cos \dfrac{x+y}{2} \sin \dfrac{x-y}{2}$$

$$\cos x + \cos y = 2 \cos \dfrac{x+y}{2} \cos \dfrac{x-y}{2}$$

$$\cos x - \cos y = -2 \sin \dfrac{x+y}{2} \sin \dfrac{x-y}{2}$$

【例題 5】 求 $\cos 75° - \cos 15°$ 之值.

【解】 原式 $= -2 \sin\left(\dfrac{75°+15°}{2}\right) \cdot \sin\left(\dfrac{75°-15°}{2}\right)$

$= -2 \sin 45° \cdot \sin 30°$

$= (-2)\left(\dfrac{\sqrt{2}}{2}\right)\left(\dfrac{1}{2}\right) = -\dfrac{\sqrt{2}}{2}.$ ■

【例題 6】 已知 $\cos\theta = -\dfrac{4}{5}$ 且 $\dfrac{\pi}{2} < \theta < \pi$，求 $\sin 2\theta$ 及 $\cos\dfrac{\theta}{2}$ 的值.

【解】 $\sin\theta = \pm\sqrt{1-\cos^2\theta} = \pm\sqrt{1-\left(-\frac{4}{5}\right)^2} = \pm\frac{3}{5}$

由 $\frac{\pi}{2} < \theta < \pi$，可知 $\sin\theta = \frac{3}{5}$，

$\sin 2\theta = 2\sin\theta\cos\theta = 2\left(\frac{3}{5}\right)\left(-\frac{4}{5}\right) = -\frac{24}{25}$

$\cos\frac{\theta}{2} = \pm\sqrt{\frac{1+\cos\theta}{2}} = \pm\sqrt{\frac{1+\left(-\frac{4}{5}\right)}{2}}$

$= \pm\sqrt{\frac{1}{10}} = \pm\frac{\sqrt{10}}{10}$

但 $\frac{\pi}{2} < \theta < \pi$，可知 $\frac{\theta}{2}$ 為第一象限內的角，故

$\cos\frac{\theta}{2} = \frac{\sqrt{10}}{10}$. ■

隨堂練習 18 若 $\sin\theta = \frac{3}{\sqrt{10}}$ 且 $\tan\theta < 0$，求 $\sin 2\theta$ 及 $\cos 2\theta$ 之值.

答案：$\sin 2\theta = -\frac{3}{5}$，$\cos 2\theta = -\frac{4}{5}$.

【例題 7】 設 $\cos 2\theta = \frac{3}{5}$，求 $\sin^4\theta + \cos^4\theta$ 的值.

【解】 $\cos 2\theta = 1 - 2\sin^2\theta = \frac{3}{5} \Rightarrow \sin^2\theta = \frac{1}{5}$

$\cos 2\theta = 2\cos^2\theta - 1 = \frac{3}{5} \Rightarrow \cos^2\theta = \frac{4}{5}$

故 $\sin^4\theta + \cos^4\theta = \left(\frac{1}{5}\right)^2 + \left(\frac{4}{5}\right)^2 = \frac{17}{25}$. ■

隨堂練習 19

(1) 設 θ 為任意角，試證明 $\sin 3\theta = 3\sin\theta - 4\sin^2\theta$，$\cos 3\theta = 4\cos^3\theta - 3\cos\theta$.

(2) 利用 (1) 之結果求 $\sin 18°$ 之值.

答案：(1) 略，(2) $\sin 18° = \dfrac{-1+\sqrt{5}}{4}$.

隨堂練習 20 求 $\sin 10° \sin 50° \sin 70°$ 的值.

答案：$\dfrac{1}{8}$.

【例題 8】 求 $\cos 80° + \cos 40° - \cos 20°$ 的值.

【解】
$$\cos 80° + \cos 40° - \cos 20° = 2\cos 60° \cos 20° - \cos 20°$$
$$= 2 \cdot \dfrac{1}{2}\cos 20° - \cos 20°$$
$$= \cos 20° - \cos 20° = 0.$$ ◨

【例題 9】 若 $f(\theta) = \dfrac{\sin\theta + \sin 2\theta + \sin 4\theta + \sin 5\theta}{\cos\theta + \cos 2\theta + \cos 4\theta + \cos 5\theta}$，試求 $f(20°) = ?$

【解】
$$f(\theta) = \dfrac{(\sin 5\theta + \sin\theta) + (\sin 4\theta + \sin 2\theta)}{(\cos 5\theta + \cos\theta) + (\cos 4\theta + \cos 2\theta)}$$
$$= \dfrac{2\sin 3\theta \cos 2\theta + 2\sin 3\theta \cos\theta}{2\cos 3\theta \cos 2\theta + 2\cos 3\theta \cos\theta}$$
$$= \dfrac{2\sin 3\theta (\cos 2\theta + \cos\theta)}{2\cos 3\theta (\cos 2\theta + \cos\theta)}$$
$$= \tan 3\theta$$

故 $f(20°) = \tan 60° = \sqrt{3}$. ◨

隨堂練習 21 求 $\cos 20° + \cos 100° + \cos 140°$ 的值.

答案：0.

習題 9-9

1. 設 $\tan\theta+\cot\theta=3$，求 $\sin\theta+\cos\theta$ 的值.

2. 已知 $\cos\theta=-\dfrac{4}{5}$，且 $90°<\theta<180°$，求 $\sin 2\theta$ 及 $\cos\dfrac{\theta}{2}$ 的值.

3. 求 $\sin 195°$ 的值.

4. 設 $\sin\theta=-\dfrac{2}{3}$，$\pi<\theta<\dfrac{3\pi}{2}$，求 $\sin 2\theta$ 及 $\cos 3\theta$ 的值.

5. 設 $\tan x=-\dfrac{24}{7}$，$\dfrac{3\pi}{2}<x<2\pi$，求 $\sin\dfrac{x}{2}$、$\cos\dfrac{x}{2}$ 及 $\tan\dfrac{x}{2}$ 的值.

6. 設 $\tan(\alpha+\beta)=\sqrt{3}$，$\tan(\alpha-\beta)=\sqrt{2}$，求 $\tan 2\alpha$ 的值.

7. 求 $\cos 36°$ 與 $\sin 36°$ 的值.

8. 設 $\sin\theta=3\cos\theta$，試求 $\cos 2\theta$ 及 $\sin 2\theta$ 之值.

9. 設 $\tan\theta=\dfrac{1}{2}$，試求 $\cos 4\theta$ 之值.

10. 已知 $0°<\theta<90°$，$\sin\theta=\dfrac{4}{5}$，試求 $\tan\dfrac{\theta}{2}$ 之值.

11. 設 $\sin\theta+\cos\theta=\dfrac{1}{5}$，$\dfrac{3\pi}{2}<\theta<2\pi$，求 $\cos\dfrac{\theta}{2}$ 的值.

12. 求 $\sin 5°\sin 25°\sin 35°\sin 55°\sin 65°\sin 85°$ 的值.

13. 設 $\sin\theta=-\dfrac{3}{5}$，$\dfrac{3\pi}{2}<\theta<2\pi$，試求下列三角函數之值.

    (1) $\sin 2\theta$, (2) $\cos 2\theta$, (3) $\tan 2\theta$.

14. 若 $\sin 2\theta=\dfrac{2\tan\theta}{k+\tan^2\theta}$，試求 k 值.

15. 在 △ABC 中，試證：
$$\sin A+\sin B+\sin C=4\cos\dfrac{A}{2}\cos\dfrac{B}{2}\cos\dfrac{C}{2}.$$

16. 求 $\cos 20°\cos 40°\cos 60°\cos 80°$ 之值.

10 向 量

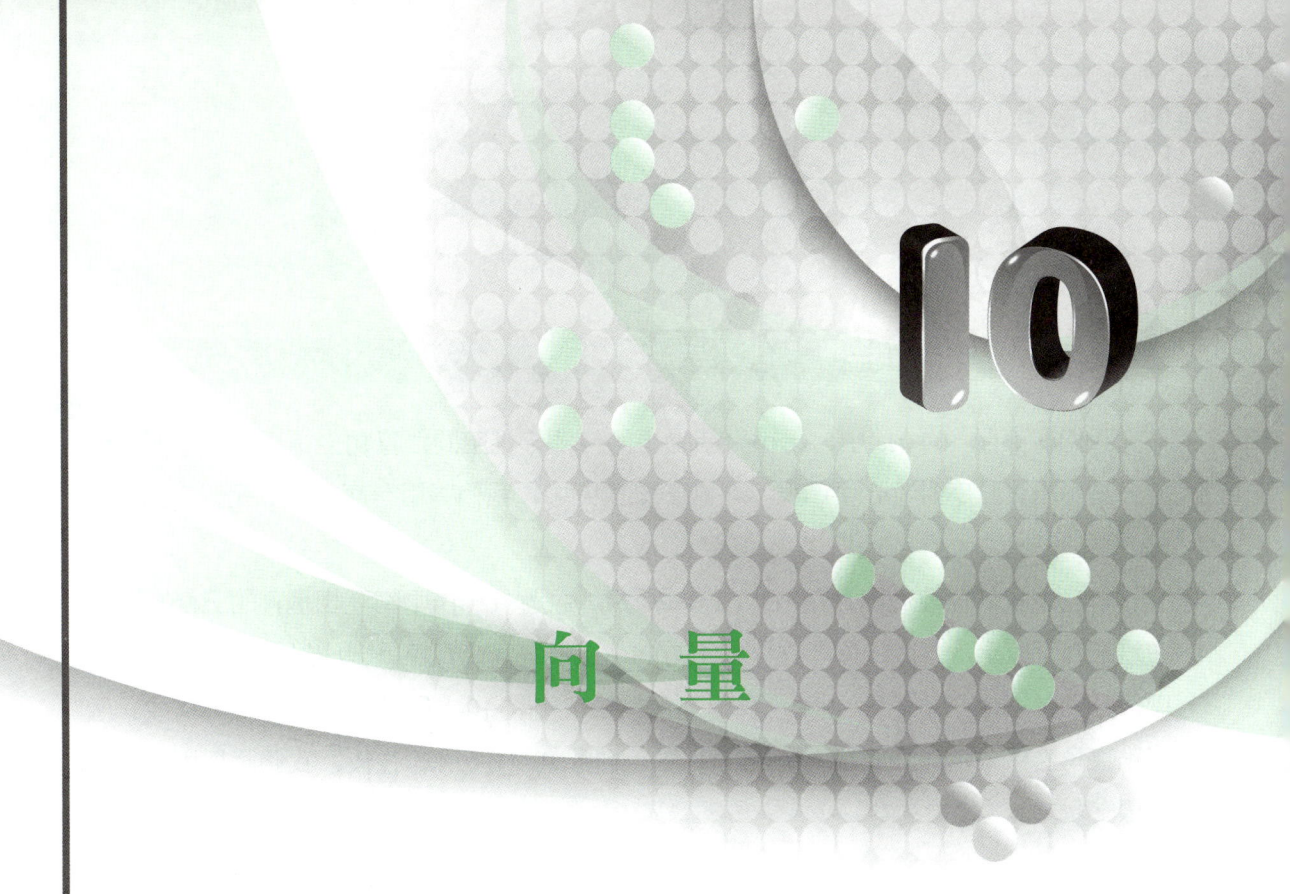

本章學習目標

10-1 平面直角坐標系

10-2 向量的定義與性質

10-3 向量的內積

10-1　平面直角坐標系

我們在上冊 4-1 節中，已經介紹過平面（即二維空間）直角坐標系，而平面上任何一點可用實數序對 (a, b) 表示。在三維空間中，我們將用有序實數三元組表出任意點。

首先，我們選取一個定點 O（稱為**原點**），通過 O 作兩兩互相垂直的三條直線，在這三條直線上，各取一個方向作為正方向，這樣每一條直線就變成以 O 為原點的數線，分別為 x-軸、y-軸與 z-軸，通稱為**坐標軸**，如圖 10-1 所示。三個坐標軸構成一個**三維直角坐標系**，它分成**右手系**與**左手系**，如圖 10-2 所示。往後，我們將採用右手系坐標。

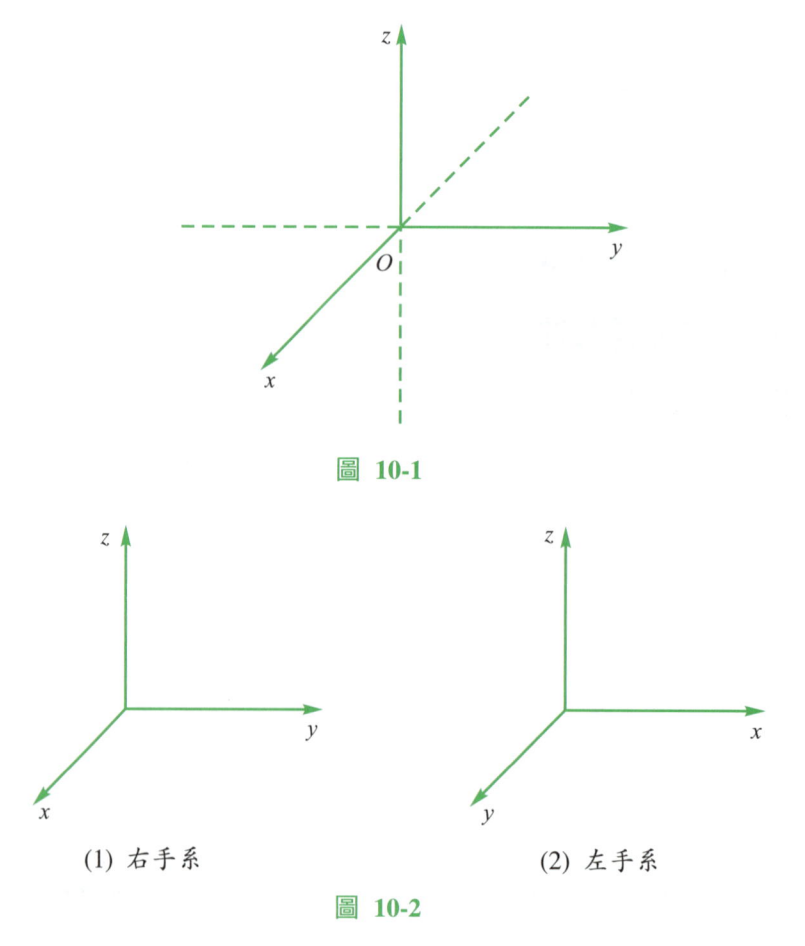

圖 10-1

(1) 右手系　　　(2) 左手系

圖 10-2

圖 10-3

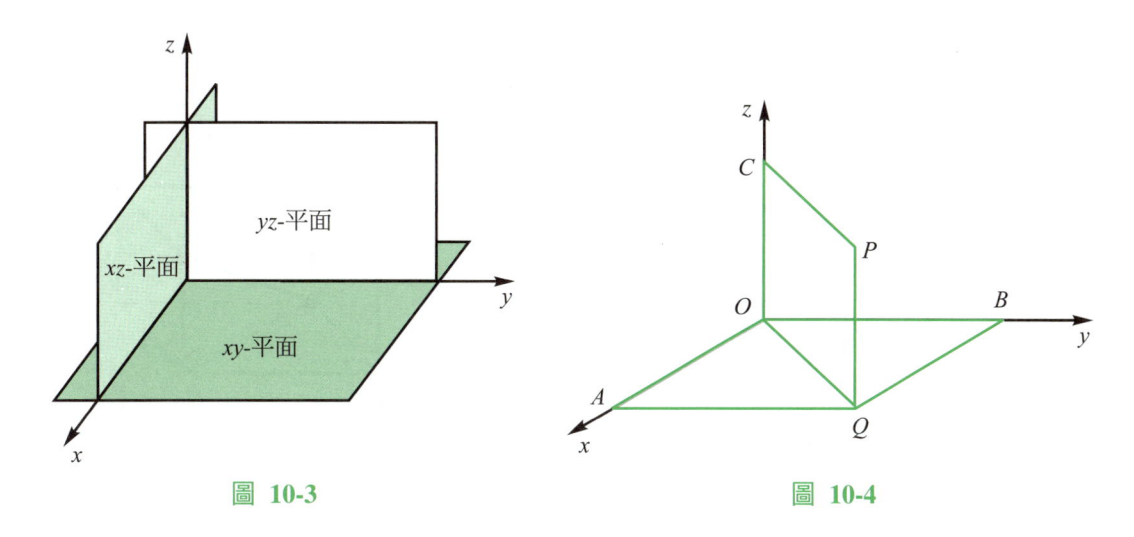

圖 10-4

每一對坐標軸決定一平面，稱為坐標平面. x-軸與 y-軸所決定的坐標平面稱為 xy-平面；y-軸與 z-軸所決定的坐標平面稱為 yz-平面；x-軸與 z-軸所決定的坐標平面稱為 xz-平面；這三個坐標平面將整個三維空間分成八個立體區域，稱為卦限，如圖 10-3 所示.

設 P 為三維空間中的一點，通過 P 作 xy-平面的垂線，交 xy-平面於 Q 點，再通過 Q 分別作 x-軸與 y-軸的垂線，交於 A 與 B，如圖 10-4 所示.

以 $\overline{QO}$ 及 $\overline{QP}$ 為兩鄰邊作一個矩形 $OQPC$，則 C 在 z-軸上. 設 A、B、C 在數線 x-軸、y-軸、z-軸上的坐標分別為 a、b、c，則 P 點的坐標為 (a, b, c) 或寫成 $P(a, b, c)$，a、b、c 分別稱為 P 點的 x-坐標、y-坐標、z-坐標. 反之，如果先有一有序實數三元組 (a, b, c)，我們可以在數線 x-軸、y-軸、z-軸上分別找到以 a、b、c 為坐標的三點 A、B、C，然後以 $\overline{OA}$、$\overline{OB}$、$\overline{OC}$ 為三鄰邊作出矩形體，可得 O 的對頂點 P，則 P 的坐標即為 (a, b, c)，如圖 10-5 所示.

定理 10-1

兩點 $P_1(x_1, y_1, z_1)$ 與 $P_2(x_2, y_2, z_2)$ 之間的距離為
$$\overline{P_1P_2} = \sqrt{(x_2-x_1)^2+(y_2-y_1)^2+(z_2-z_1)^2}.$$

證：如圖 10-6 所示，$\overline{P_1A} = |x_2-x_1|$，$\overline{AB} = |y_2-y_1|$，$\overline{BP_2} = |z_2-z_1|$，且三角形 P_1BP_2 與三角形 P_1AB 皆為直角三角形，故利用商高定理可得

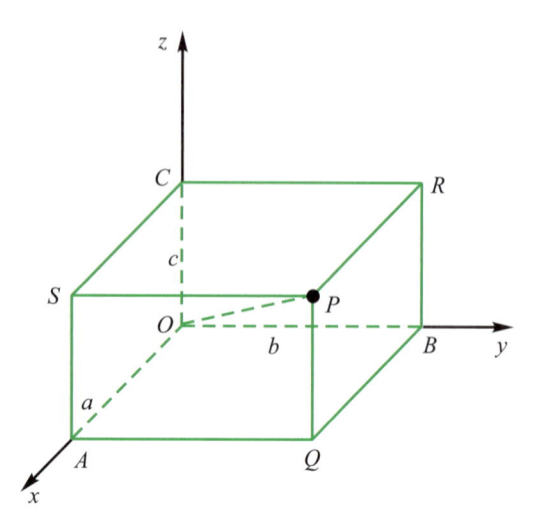

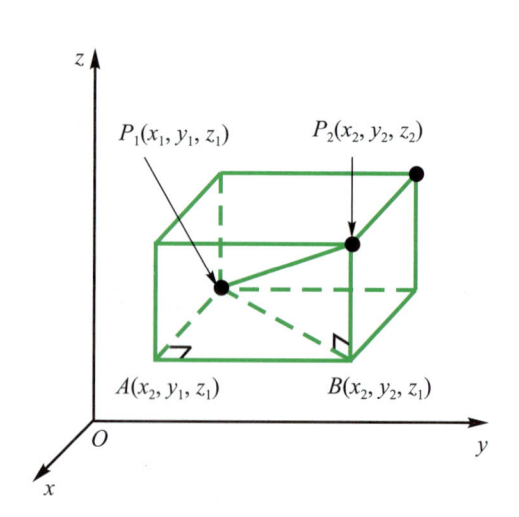

圖 10-5

圖 10-6

$$\overline{P_1P_2}^2 = \overline{P_1B}^2 + \overline{BP_2}^2, \quad \overline{P_1B}^2 = \overline{P_1A}^2 + \overline{AB}^2$$

即,

$$\overline{P_1P_2}^2 = \overline{P_1A}^2 + \overline{AB}^2 + \overline{BP_2}^2$$
$$= |x_2-x_1|^2 + |y_2-y_1|^2 + |z_2-z_1|^2$$
$$= (x_2-x_1)^2 + (y_2-y_1)^2 + (z_2-z_1)^2$$

故 $\overline{P_1P_2} = \sqrt{(x_2-x_1)^2 + (y_2-y_1)^2 + (z_2-z_1)^2}$.

【例題 1】 求空間中點 $P(2, -1, 7)$ 與點 $Q(1, -3, 5)$ 之間的距離.

【解】 $\overline{PQ} = \sqrt{(1-2)^2 + (-3+1)^2 + (5-7)^2} = \sqrt{1+4+4} = 3$.

【例題 2】 若 △ABC 的頂點坐標分別為 $A(2, 1, 3)$、$B(0, 1, 2)$、$C(1, 3, 0)$,則此三角形是何種三角形?

【解】
$$\overline{AB}^2 = (2-0)^2 + (1-1)^2 + (3-2)^2 = 5$$
$$\overline{BC}^2 = (0-1)^2 + (1-3)^2 + (2-0)^2 = 9$$
$$\overline{AC}^2 = (2-1)^2 + (1-3)^2 + (3-0)^2 = 14$$

因 $\overline{AB}^2 + \overline{BC}^2 = \overline{AC}^2$

故此三角形為直角三角形.

隨堂練習 1 求空間中點 $P(-1, 4, 5)$ 與 $Q(2, 2, 2)$ 之間的距離.

答案：$\sqrt{22}$.

隨堂練習 2 若 $\triangle ABC$ 的頂點坐標分別為 $A(3, 2, 0)$、$B(6, 0, 1)$ 與 $C(4, 1, 2)$，則此三角形是何種三角形？

答案：等腰三角形.

習題 10-1

1. 試將下列各點描繪出來.
   (1) $(-4, 0, 0)$　　(2) $(2, 0, 3)$　　(3) $(0, 4, 0)$
   (4) $(2, 0, -5)$　　(5) $(\sqrt{2}, -2, 2)$

2. 試對下列各點集合給予一適當名稱：
   (1) $\{P : (x, y, z) | x = 0\}$
   (2) $\{P : (x, y, z) | x = 0, y = 0\}$
   (3) $\{P : (x, y, z) | x < 0, y = 0, z = 0\}$

3. 通過 $P(2, 4, 3)$ 及 $Q(2, -5, 3)$ 兩點的直線是否平行某一坐標軸？並求線段長 $|PQ|$.

4. 試求下列各組點間之距離.
   (1) $(-1, 3, 2)$ 及 $(4, 0, -5)$　　(2) $(\sqrt{2}, 0, \sqrt{3})$ 及 $(0, 2, 0)$

5. 試證：三點 $A(-4, 3, 2)$、$B(0, 1, 4)$ 與 $C(-6, 4, 1)$ 在同一直線上.

6. 試證：$P_1(4, 5, 2)$、$P_2(1, 7, 3)$ 與 $P_3(2, 4, 5)$ 為一等邊三角形的三頂點.

10-2　向量的定義與性質

一個量若僅具有大小，像面積、體積、長度、質量與溫度等，則稱為**純量**. 具有大小與方向的量稱為**向量**. 例如，颱風的動向通常用速率與方向來描述，如每小時 20 公里向西北方前進. 颱風的速率與其方向一同構成向量，稱為颱風的速度. 向量的其它例子是力與位移. 在本節中，我們將詳述向量的基本數學性質.

向量在平面或三維空間幾何裡可表成有向線段或箭頭；箭頭的方向指定向量的方向而箭頭的長度描述其大小．箭頭尾端稱為向量的 始點，箭頭的尖端稱為 終點．我們用小寫粗體字，像 a，b，c，⋯，k，⋯，v，w 等，來表示向量．

若向量 a 的始點為 P 且終點為 Q，則寫成
$$\mathbf{a}=\overrightarrow{PQ}$$
長度與方向均相同的向量稱為 相等．因向量是由其長度與方向來決定，故相等向量可視為相同，即使它們位於不同的位置，若 a 與 b 相等，則寫成 a＝b．

定義 10-1

> 若 a 與 b 為任意兩向量，則其和為向量，決定如下：放置 b 使其始點與 a 的終點重合，向量 a＋b 是用由 a 的始點到 b 的終點的箭頭表示 (圖10-7)．

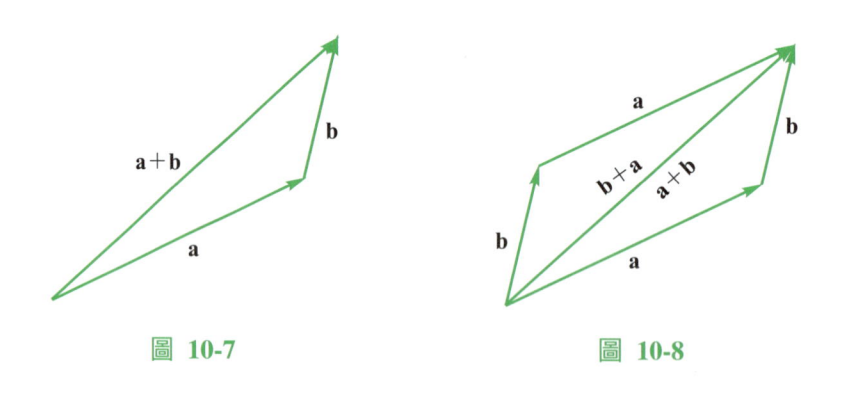

圖 10-7

圖 10-8

在圖 10-8 中，我們已作出兩個和：a＋b 與 b＋a．顯然，
$$\mathbf{a}+\mathbf{b}=\mathbf{b}+\mathbf{a}$$
且當放置 a 與 b 使它們有相同始點時，該和與由它們所決定平行四邊形的對角線重合．

長度為零的向量稱為 零向量，記為 0．我們定義
$$\mathbf{0}+\mathbf{a}=\mathbf{a}+\mathbf{0}=\mathbf{a}$$
因零向量無與生俱來的方向，故為了方便起見，它可被指定任何方向．

若 a 為任意非零向量，則 a 的 逆向量 定義為與 a 的大小相同但方向相反的向量，如圖 10-9 所示．於是，a＋(－a)＝0．

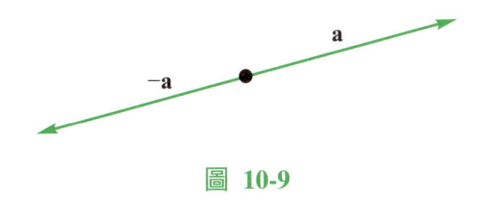

第 10 章　向量　73

圖 10-9

定義 10-2

若 **a** 與 **b** 為任意兩向量，則 **a** 減 **b** 定義為
$$\mathbf{a}-\mathbf{b}=\mathbf{a}+(-\mathbf{b})$$

欲得到 **a**−**b**，我們放置 **a** 與 **b** 使它們的始點重合，然後由 **b** 的終點到 **a** 的終點所作出的向量為 **a**−**b**，如圖 10-10 所示．

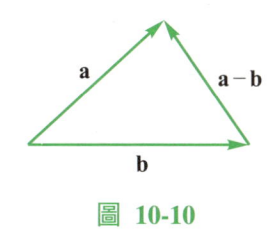

圖 10-10

定義 10-3

若 **a** 為非零向量且 k 為非零純量，則積 $k\mathbf{a}$ 定義為向量．它的長度是 **a** 之長度的 $|k|$ 倍，它的方向在 $k>0$ 時與 **a** 同向，而在 $k<0$ 時與 **a** 反向．若 $k=0$ 或 $\mathbf{a}=0$，定義 $k\mathbf{a}=\mathbf{0}$．

一般而言，涉及到向量的問題，通常可引進直角坐標系來化簡．為了此目的，我們需要平面上的向量以及三維空間中的向量．

若 **a** 是平面上或三維空間中的向量，它的始點在直角坐標系的原點，如圖 10-11 所示，則終點的坐標 (a_1, a_2) 或 (a_1, a_2, a_3) 稱為 **a** 的分量，寫成

$$\mathbf{a}=<a_1,\ a_2> \quad \text{或} \quad \mathbf{a}=<a_1,\ a_2,\ a_3>$$

所予向量是在平面上或三維空間中有關．

因零向量 **0** 的長度為零，故它的終點與始點重合．於是，

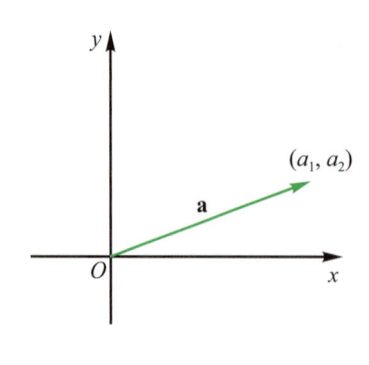

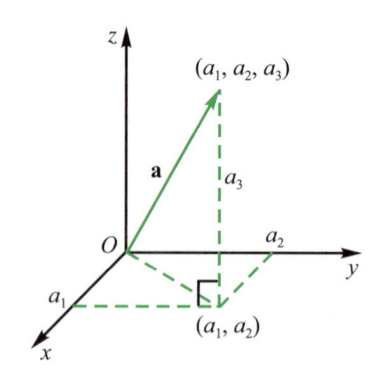

圖 10-11

$$\mathbf{0} = \langle 0, 0 \rangle \quad \text{(在平面上)}$$
$$\mathbf{0} = \langle 0, 0, 0 \rangle \quad \text{(在三維空間中)}$$

　　若相等向量 **a** 與 **b** 的始點放在原點，則它們的終點必定重合；於是，它們有相同的分量．反之，具有相同分量的兩向量必相等．換句話說，在平面上，兩向量

$$\mathbf{a} = \langle a_1, a_2 \rangle \quad \text{與} \quad \mathbf{b} = \langle b_1, b_2 \rangle$$

相等，若且唯若

$$a_1 = b_1, \quad a_2 = b_2.$$

在三維空間中，兩向量

$$\mathbf{a} = \langle a_1, a_2, a_3 \rangle \quad \text{與} \quad \mathbf{b} = \langle b_1, b_2, b_3 \rangle$$

相等，若且唯若

$$a_1 = b_1, \quad a_2 = b_2, \quad a_3 = b_3$$

下面定理說明如何利用分量去從事向量的算術運算．

定理 10-2

若 $\mathbf{a} = \langle a_1, a_2 \rangle$ 與 $\mathbf{b} = \langle b_1, b_2 \rangle$ 為平面上的兩向量，且 k 為任意純量，則

$$\mathbf{a} + \mathbf{b} = \langle a_1 + b_1, a_2 + b_2 \rangle$$
$$\mathbf{a} - \mathbf{b} = \langle a_1 - b_1, a_2 - b_2 \rangle$$
$$k\mathbf{a} = \langle ka_1, ka_2 \rangle$$

同理，若 $\mathbf{a} = \langle a_1, a_2, a_3 \rangle$ 與 $\mathbf{b} = \langle b_1, b_2, b_3 \rangle$ 為三維空間中的兩向量，且 k 為任意純量，則

$$\mathbf{a} + \mathbf{b} = \langle a_1 + b_1, a_2 + b_2, a_3 + b_3 \rangle$$
$$\mathbf{a} - \mathbf{b} = \langle a_1 - b_1, a_2 - b_2, a_3 - b_3 \rangle$$
$$k\mathbf{a} = \langle ka_1, ka_2, ka_3 \rangle.$$

有時候，向量的始點並非在原點．若已知向量的始點及終點的坐標，則該向量的分量可由下面定理求得．

定理 10-3

在平面上，若 $\overrightarrow{P_1P_2}$ 的始點為 $P_1(x_1, y_1)$，終點為 $P_2(x_2, y_2)$，則

$$\overrightarrow{P_1P_2} = \langle x_2 - x_1, y_2 - y_1 \rangle$$

即，$\overrightarrow{P_1P_2}$ 的 *x*-分量、*y*-分量分別為 $x_2 - x_1$、$y_2 - y_1$．

同理，在三維空間中，若 $\overrightarrow{P_1P_2}$ 的始點為 $P_1(x_1, y_1, z_1)$，終點為 $P_2(x_2, y_2, z_2)$，則

$$\overrightarrow{P_1P_2} = \langle x_2 - x_1, y_2 - y_1, z_2 - z_1 \rangle$$

即，$\overrightarrow{P_1P_2}$ 的 *x*-分量、*y*-分量、*z*-分量分別為 $x_2 - x_1$、$y_2 - y_1$、$z_2 - z_1$．

證：我們僅給出在平面上的證明，而在三維空間中的證明類似．$\overrightarrow{P_1P_2}$ 為 $\overrightarrow{OP_2}$ 與 $\overrightarrow{OP_1}$ 的差，如圖 10-12 所示，於是，

$$\begin{aligned}\overrightarrow{P_1P_2} &= \overrightarrow{OP_2} - \overrightarrow{OP_1} \\ &= \langle x_2, y_2 \rangle - \langle x_1, y_1 \rangle \\ &= \langle x_2 - x_1, y_2 - y_1 \rangle.\end{aligned}$$

註：定理 10-3 的結果為：任意向量的分量為它的終點坐標減去始點坐標．

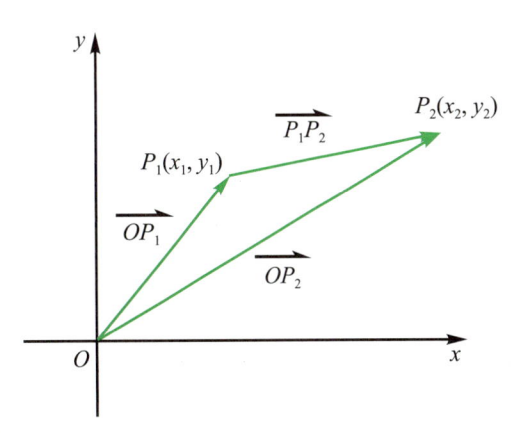

圖 10-12

定理 10-4

對於任意向量 **a**、**b**、**c** 與任意純量 k、l，下列關係式成立：

(1) **a**＋**b**＝**b**＋**a**　（交換律）

(2) (**a**＋**b**)＋**c**＝**a**＋(**b**＋**c**)　（結合律）

(3) **a**＋**0**＝**0**＋**a**＝**a**

(4) **a**＋(－**a**)＝**c**

(5) $k(l\mathbf{a})=(kl)\mathbf{a}=l(k\mathbf{a})$

(6) $k(\mathbf{a}+\mathbf{b})=k\mathbf{a}+k\mathbf{b}$

(7) $(k+l)\mathbf{a}=k\mathbf{a}+l\mathbf{a}$

(8) $1\mathbf{a}=\mathbf{a}$

證：我們僅給出 (2) 的證明，其餘證明留給讀者．

1. 解析法

令 $\mathbf{a}=\langle a_1, a_2\rangle$，$\mathbf{b}=\langle b_1, b_2\rangle$，$\mathbf{c}=\langle c_1, c_2\rangle$，則

$$\begin{aligned}(\mathbf{a}+\mathbf{b})+\mathbf{c} &=(\langle a_1, a_2\rangle+\langle b_1, b_2\rangle)+\langle c_1, c_2\rangle \\ &=\langle a_1+b_1, a_2+b_2\rangle+\langle c_1, c_2\rangle \\ &=\langle (a_1+b_1)+c_1, (a_2+b_2)+c_2\rangle \\ &=\langle a_1+(b_1+c_1), a_2+(b_2+c_2)\rangle \\ &=\langle a_1, a_2\rangle+\langle b_1+c_1, b_2+c_2\rangle \\ &=\langle a_1, a_2\rangle+(\langle b_1, b_2\rangle+\langle c_1, c_2\rangle) \\ &=\mathbf{a}+(\mathbf{b}+\mathbf{c})\end{aligned}$$

2. 幾何法

令 **a**、**b** 與 **c** 分別表示 $\overrightarrow{PQ}$、$\overrightarrow{QR}$ 與 $\overrightarrow{RS}$，如圖 10-13 所示，則

$$\mathbf{a}+\mathbf{b}=\overrightarrow{PR}，(\mathbf{a}+\mathbf{b})+\mathbf{c}=\overrightarrow{PS}$$

$$\mathbf{b}+\mathbf{c}=\overrightarrow{QS}，\mathbf{a}+(\mathbf{b}+\mathbf{c})=\overrightarrow{PS}$$

故　　　　　　　　(**a**＋**b**)＋**c**＝**a**＋(**b**＋**c**)．

圖 10-13

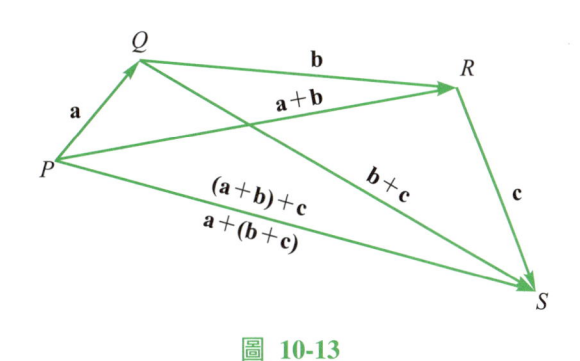

在幾何上，向量 $\mathbf{a}$ 的長度是其始點與終點之間的距離，記為 $|\mathbf{a}|$，我們由距離公式，可得平面上向量 $\mathbf{a}=<a_1, a_2>$ 的長度為

$$|\mathbf{a}|=\sqrt{a_1^2+a_2^2}$$

在三維空間中，$\mathbf{a}=<a_1, a_2, a_3>$ 的長度為

$$|\mathbf{a}|=\sqrt{a_1^2+a_2^2+a_3^2}.$$

長度為 1 的向量稱為**單位向量**. 任一向量 $\mathbf{a}$ 皆可用與 $\mathbf{a}$ 同向的單位向量 $\mathbf{u}$ 表出，即，$\mathbf{u}=\dfrac{\mathbf{a}}{|\mathbf{a}|}$.

在平面上，兩個**基本單位向量**為

$$\mathbf{i}=<1, 0>, \quad \mathbf{j}=<0, 1>$$

在三維空間中，三個**基本單位向量**為

$$\mathbf{i}=<1, 0, 0>, \quad \mathbf{j}=<0, 1, 0>, \quad \mathbf{k}=<0, 0, 1>$$

如圖 10-14 所示.

在平面上，每一個向量 $\mathbf{a}=<a_1, a_2>$ 可用 $\mathbf{i}$ 與 $\mathbf{j}$ 表出，

$$\mathbf{a}=<a_1, a_2>=<a_1, 0>+<0, a_2>$$
$$=a_1<1, 0>+a_2<0, 1>=a_1\mathbf{i}+a_2\mathbf{j}$$

同理，在三維空間中，每一個向量 $\mathbf{a}=<a_1, a_2, a_3>$ 可用 $\mathbf{i}$、$\mathbf{j}$ 與 $\mathbf{k}$ 表出，

$$\mathbf{a}=<a_1, a_2, a_3>=a_1<1, 0, 0>+a_2<0, 1, 0>+a_3<0, 0, 1>$$
$$=a_1\mathbf{i}+a_2\mathbf{j}+a_3\mathbf{k}.$$

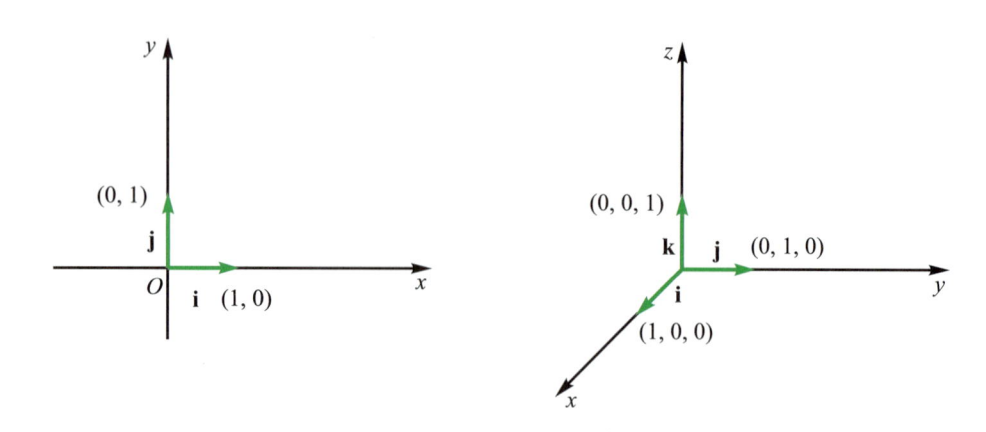

圖 10-14

【例題 1】 設 $A(-1, 4)$ 與 $B(2, 2)$ 為二維空間中的兩點，求：
(1) $\overrightarrow{AB}$ 及其長度，(2) $\overrightarrow{BA}$．

【解】 (1) $\overrightarrow{AB} = <2-(-1),\ 2-4> = <3,\ -2> = 3\mathbf{i} - 2\mathbf{j}$
$|\overrightarrow{AB}| = \sqrt{3^2 + (-2)^2} = \sqrt{13}$．

(2) $\overrightarrow{BA} = -\overrightarrow{AB} = <-3,\ 2>$． ▪

【例題 2】 設 $\mathbf{a} = 2\mathbf{i} - 5\mathbf{j}$，$\mathbf{b} = -3\mathbf{i} + 3\mathbf{j}$，求 $|2\mathbf{a} + 3\mathbf{b}|$．

【解】 因 $2\mathbf{a} + 3\mathbf{b} = 2(2\mathbf{i} - 5\mathbf{j}) + 3(-3\mathbf{i} + 3\mathbf{j})$
$= (4-9)\mathbf{i} + (-10+9)\mathbf{j} = -5\mathbf{i} - \mathbf{j}$． ▪

【例題 3】 試求出與向量 $3\mathbf{i} + \mathbf{j}$ 有相同方向的單位向量．

【解】 令 $\mathbf{a} = 3\mathbf{i} + \mathbf{j}$，則
$$|\mathbf{a}| = \sqrt{3^2 + 1^2} = \sqrt{10}$$

與 $\mathbf{a}$ 有相同方向之單位向量為
$$\mathbf{u} = \frac{\mathbf{a}}{|\mathbf{a}|} = \frac{3\mathbf{i} + \mathbf{j}}{\sqrt{10}} = \frac{3}{\sqrt{10}}\mathbf{i} + \frac{1}{\sqrt{10}}\mathbf{j}.$$
▪

隨堂練習 3　設 $A(2, -1)$ 且 $\overrightarrow{AB} = (-3, 3)$ 求 B 點坐標．
答案：$B(-1, 2)$．

隨堂練習 4 設 $P(-1, 4, 5)$ 與 $Q(2, 2, 2)$ 為三維空間中的兩點，求 $\overrightarrow{PQ}$ 及其長度.

答案：$\overrightarrow{PQ} = 3\mathbf{i} - 2\mathbf{j} - 3\mathbf{k}$，$|\overrightarrow{PQ}| = \sqrt{22}$.

隨堂練習 5 設 $\mathbf{a} = 2\mathbf{i} - 5\mathbf{j} + \mathbf{k}$，$\mathbf{b} = -3\mathbf{i} + 3\mathbf{j} + 2\mathbf{k}$，$\mathbf{c} = 5\mathbf{i} + 3\mathbf{j}$，求 $|2\mathbf{a} + 3\mathbf{b} - \mathbf{c}|$.

答案：$6\sqrt{5}$.

隨堂練習 6 試求出與向量 $3\mathbf{i} + \mathbf{j} - 7\mathbf{k}$ 有相同方向的單位向量.

答案：$\mathbf{u} = \dfrac{3}{\sqrt{59}}\mathbf{i} + \dfrac{1}{\sqrt{59}}\mathbf{j} - \dfrac{7}{\sqrt{59}}\mathbf{k}$.

習題 10-2

1. 設 $\mathbf{a} = <1, 3>$，$\mathbf{b} = <2, 1>$，$\mathbf{c} = <4, -1>$，求
   (1) $7\mathbf{b} + 3\mathbf{c}$
   (2) $3(\mathbf{a} - 7\mathbf{b})$
   (3) $2\mathbf{b} - (\mathbf{a} + \mathbf{c})$

2. 設 $\mathbf{a} = 3\mathbf{i} - \mathbf{k}$，$\mathbf{b} = \mathbf{i} - \mathbf{j} + 2\mathbf{k}$，$\mathbf{c} = 3\mathbf{j}$，求
   (1) $\mathbf{c} - \mathbf{b}$
   (2) $6\mathbf{a} + 4\mathbf{c}$
   (3) $-8(\mathbf{b} + \mathbf{c}) + 2\mathbf{a}$
   (4) $3\mathbf{c} - (\mathbf{b} - \mathbf{c})$

3. 設 $\mathbf{a} = \mathbf{i} - 3\mathbf{j} + 2\mathbf{k}$，$\mathbf{b} = \mathbf{i} + \mathbf{j}$，$\mathbf{c} = 2\mathbf{i} + 2\mathbf{j} - 4\mathbf{k}$，求
   (1) $|\mathbf{a} + \mathbf{b}|$
   (2) $|3\mathbf{a} - 5\mathbf{b} + \mathbf{c}|$
   (3) $\dfrac{1}{|\mathbf{c}|}\mathbf{c}$
   (4) $\left|\dfrac{1}{|\mathbf{c}|}\mathbf{c}\right|$

4. 設 $\mathbf{a} = <1, 3>$，$\mathbf{b} = <2, 1>$，$\mathbf{c} = <4, -1>$，求向量 $\mathbf{x}$ 使其滿足 $2\mathbf{a} - \mathbf{b} + \mathbf{x} = 7\mathbf{x} + \mathbf{c}$.

5. 若 $\mathbf{a} + 2\mathbf{b} = 3\mathbf{i} - \mathbf{k}$ 且 $3\mathbf{a} - \mathbf{b} = \mathbf{i} + \mathbf{j} + \mathbf{k}$，求 $\mathbf{a}$ 與 $\mathbf{b}$.

6. 設 $\mathbf{a} = <1, 0, 1>$，$\mathbf{b} = <3, 2, 0>$，$\mathbf{c} = <0, 1, 1>$，求純量 c_1、c_2 與 c_3 使得 $c_1\mathbf{a} + c_2\mathbf{b} + c_3\mathbf{c} = <-1, 1, 5>$.

7. 求一單位向量使它與自點 $A(-1, 0, 2)$ 至點 $B(3, 1, 1)$ 的向量同向.

8. 令 $\mathbf{v} = <-1, 2, 5>$，試求所有滿足 $|k\mathbf{v}| = 4$ 的 k 值.

9. (1) 試證：若 **v** 不為零向量，則 $\frac{1}{|\mathbf{v}|}\mathbf{v}$ 為單位向量.

   (2) 以 (1) 之結果，試求與 $\mathbf{v}=<3, 4>$ 同向的單位向量.

   (3) 以 (1) 之結果，試求與 $\mathbf{v}=<-2, 3, -6>$ 反向的單位向量.

10. 試求 c_1、c_2、c_3 使得 $c_1<1, 2, 0>+c_2<2, 1, 1>+c_3<0, 3, 1>=<0, 0, 0>$.

10-3 向量的內積

在本節中，我們將介紹向量的另一種運算，並給予該運算的一些性質.

令 **a** 與 **b** 均為平面上或三維空間中的兩非零向量，並假定已置妥這些向量使它們的始點重合，**a** 與 **b** 之間的夾角意指由 **a** 與 **b** 決定且滿足 $0 \leq \theta \leq \pi$ 的角 θ，如圖 10-15所示.

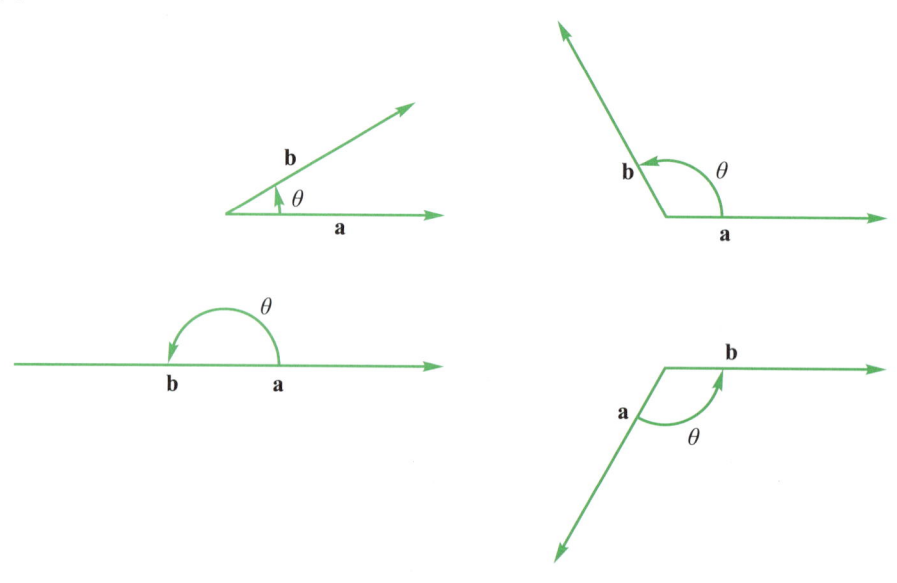

圖 10-15

定義 10-4

若 **a** 與 **b** 均為平面上或三維空間中的向量，θ 為 **a** 與 **b** 之間的夾角，且 $0 \leq \theta \leq \pi$，則 **a** 與 **b** 的內積 (或稱點積、純量積) 定義為

$$\mathbf{a} \cdot \mathbf{b} = \begin{cases} |\mathbf{a}||\mathbf{b}|\cos\theta, & \text{若 } \mathbf{a} \neq \mathbf{0} \text{ 且 } \mathbf{b} \neq \mathbf{0} \\ 0, & \text{若 } \mathbf{a} = \mathbf{0} \text{ 或 } \mathbf{b} = \mathbf{0}. \end{cases}$$

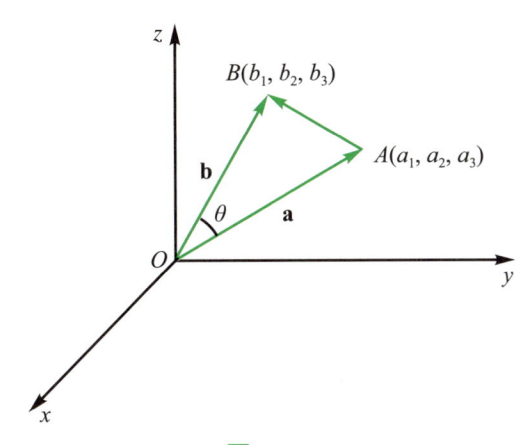

圖 10-16

為了計算的目的，我們需要有一個公式將兩向量的內積用向量的分量表示．我們將對三維空間中的向量導出這樣的公式，並對平面上的向量敘述對應的公式．

令 $\mathbf{a}=<a_1, a_2, a_3>$ 與 $\mathbf{b}=<b_1, b_2, b_3>$ 為兩非零向量，θ 為 $\mathbf{a}$ 與 $\mathbf{b}$ 之間的夾角 (圖 10-15)，則由餘弦定理可得

$$|\overrightarrow{AB}|^2 = |\mathbf{a}|^2 + |\mathbf{b}|^2 - 2|\mathbf{a}||\mathbf{b}|\cos\theta \qquad (10\text{-}3\text{-}1)$$

因 $\overrightarrow{AB} = \mathbf{b} - \mathbf{a}$，故式 (10-3-1) 化成

$$|\mathbf{a}||\mathbf{b}|\cos\theta = \frac{1}{2}(|\mathbf{a}|^2 + |\mathbf{b}|^2 - |\mathbf{b}-\mathbf{a}|^2)$$

或

$$\mathbf{a}\cdot\mathbf{b} = \frac{1}{2}(|\mathbf{a}|^2 + |\mathbf{b}|^2 - |\mathbf{b}-\mathbf{a}|^2)$$

代換

$$|\mathbf{a}|^2 = a_1^2 + a_2^2 + a_3^2, \quad |\mathbf{b}|^2 = b_1^2 + b_2^2 + b_3^2$$

與

$$|\mathbf{b}-\mathbf{a}|^2 = (b_1-a_1)^2 + (b_2-a_2)^2 + (b_3-a_3)^2$$

化簡後，可得

$$\mathbf{a}\cdot\mathbf{b} = a_1b_1 + a_2b_2 + a_3b_3 \qquad (10\text{-}3\text{-}2)$$

若 $\mathbf{a}=<a_1, a_2>$ 與 $\mathbf{b}=<b_1, b_2>$ 均為平面上的向量，則對應於式 (10-3-2) 的公式為

$$\mathbf{a}\cdot\mathbf{b} = a_1b_1 + a_2b_2 \qquad (10\text{-}3\text{-}3)$$

若 $\mathbf{a}$ 與 $\mathbf{b}$ 均為非零向量，則

$$\cos\theta = \frac{\mathbf{a}\cdot\mathbf{b}}{|\mathbf{a}||\mathbf{b}|}$$

【例題 1】 若 $\mathbf{a}=2\mathbf{i}-\mathbf{j}+\mathbf{k}$，$\mathbf{b}=-\mathbf{i}+\mathbf{j}$，求 $\mathbf{a}\cdot\mathbf{b}$，並決定 $\mathbf{a}$ 與 $\mathbf{b}$ 之間的夾角 θ.

【解】 $\mathbf{a}\cdot\mathbf{b}=a_1b_1+a_2b_2+a_3b_3=(2)(-1)+(-1)(1)+(1)(0)=-3$

$$|\mathbf{a}|=\sqrt{4+1+1}=\sqrt{6}, \quad |\mathbf{b}|=\sqrt{1+0+1}=\sqrt{2}$$

$$\cos\theta = \frac{\mathbf{a}\cdot\mathbf{b}}{|\mathbf{a}||\mathbf{b}|} = \frac{-3}{(\sqrt{6})(\sqrt{2})} = -\frac{\sqrt{3}}{2}$$

因 $0\leq\theta\leq\pi$，故 $\theta=\dfrac{5\pi}{6}$. ▪

隨堂練習 7 設 $\triangle ABC$ 三頂點之坐標分別為 $A(1, 1)$、$B(4, 5)$ 與 $C(8, 2)$，試求 $\triangle ABC$ 之三內角.

答案：三內角為 $\dfrac{\pi}{2}$，$\dfrac{\pi}{4}$，$\dfrac{\pi}{4}$.

內積的正負號提供有關兩向量之間夾角的有用訊息. 設 $\mathbf{a}$ 與 $\mathbf{b}$ 均為平面上或三維空間中的非零向量，且 θ 為它們之間的夾角.

1. θ 為銳角 $\Leftrightarrow \mathbf{a}\cdot\mathbf{b}>0$
2. θ 為鈍角 $\Leftrightarrow \mathbf{a}\cdot\mathbf{b}<0$
3. $\theta=90°$（$\mathbf{a}$ 與 $\mathbf{b}$ 垂直）$\Leftrightarrow \mathbf{a}\cdot\mathbf{b}=0$
4. $\theta=0°$ 或 $180°$
   $\Leftrightarrow \mathbf{a}\cdot\mathbf{b}=|\mathbf{a}||\mathbf{b}|$ （$\mathbf{a}$ 與 $\mathbf{b}$ 平行且同方向）
   $\Leftrightarrow \mathbf{a}\cdot\mathbf{b}=-|\mathbf{a}||\mathbf{b}|$ （$\mathbf{a}$ 與 $\mathbf{b}$ 平行但方向相反）

垂直向量又稱為**正交向量**. 兩非零向量正交，若且唯若它們的內積為零. 當 $\mathbf{a}$ 與 $\mathbf{b}$ 中任一者或兩者均為 $\mathbf{0}$ 時，我們視 $\mathbf{a}$ 與 $\mathbf{b}$ 互相垂直，因此，$\mathbf{a}$ 與 $\mathbf{b}$ 為正交（垂直），若且唯若 $\mathbf{a}\cdot\mathbf{b}=0$.

【例題 2】 試證 $\mathbf{a}=\langle 1, 2, -3\rangle$ 與 $\mathbf{b}=\langle 2, 2, 2\rangle$ 互相垂直.

【解】 因 $\mathbf{a}\cdot\mathbf{b}=(1)(2)+(2)(2)+(-3)(2)=0$，故 $\mathbf{a}$ 與 $\mathbf{b}$ 互相垂直. ▪

【例題 3】 試利用向量的方法證明：$P(2, -3, 1)$、$Q(-5, 1, 7)$ 及 $R(6, 1, 3)$ 為一直角三角形的三頂點，並求其面積.

【解】 $\overrightarrow{PQ} = <(-5)-2,\ 1-(-3),\ 7-1> = <-7,\ 4,\ 6>$

$\overrightarrow{PR} = <6-2,\ 1-(-3),\ 3-1> = <4,\ 4,\ 2>$

因 $\overrightarrow{PQ} \cdot \overrightarrow{PR} = (-7)(4)+(4)(4)+(6)(2) = -28+16+12 = 0$

故知，$\overrightarrow{PQ} \perp \overrightarrow{PR}$，故 P、Q、R 為一直角三角形之三頂點.

該三角形之面積為

$$\frac{1}{2}|\overrightarrow{PQ}||\overrightarrow{PR}| = \frac{1}{2}\sqrt{(-7)^2+4^2+6^2}\sqrt{4^2+4^2+2^2}$$

$$= \frac{1}{2}\sqrt{101}\sqrt{36}$$

$$= 3\sqrt{101}.$$

【例題 4】 試證：在平面上，向量 $a\mathbf{i}+b\mathbf{j}$ 垂直於直線 $ax+by+c=0$.

【解】 令 $P_1(x_1, y_1)$ 與 $P_2(x_2, y_2)$ 為直線 $ax+by+c=0$ 上兩相異點，則

$$ax_1+by_1+c=0 \quad \text{························①}$$
$$ax_2+by_2+c=0 \quad \text{························②}$$

因 $\overrightarrow{P_1P_2} = (x_2-x_1)\mathbf{i}+(y_2-y_1)\mathbf{j}$ 沿著該直線前進，故需要證明 $a\mathbf{i}+b\mathbf{j}$ 與 $\overrightarrow{P_1P_2}$ 垂直.

②－① 可得

$$a(x_2-x_1)+b(y_2-y_1)=0$$

此式可以表成

$$(a\mathbf{i}+b\mathbf{j}) \cdot [(x_2-x_1)\mathbf{i}+(y_2-y_1)\mathbf{j}]=0$$

或

$$(a\mathbf{i}+b\mathbf{j}) \cdot \overrightarrow{P_1P_2}=0$$

故 $a\mathbf{i}+b\mathbf{j}$ 與 $\overrightarrow{P_1P_2}$ 垂直.

隨堂練習 8 設 $\mathbf{a}=2\mathbf{i}-2\mathbf{j}-3\mathbf{k}$，$\mathbf{b}=-4\mathbf{i}+4\mathbf{j}+6\mathbf{k}$，試證 $\mathbf{a}$ 與 $\mathbf{b}$ 平行且方向相反.

答案：略.

非零向量 $\mathbf{a}=a_1\mathbf{i}+a_2\mathbf{j}+a_3\mathbf{k}$ 與正 x-軸、正 y-軸及正 z-軸所形成的角 α、β 及 γ (α, β, $\gamma \in [0, \pi]$) 稱為**方向角** (圖10-17)，$\cos\alpha$、$\cos\beta$ 與 $\cos\gamma$ 稱為 $\mathbf{a}$ 的**方向餘弦**.

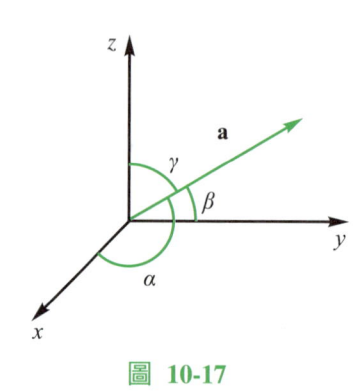

圖 10-17

利用定義10-4，可得

$$\cos\alpha = \frac{\mathbf{a}\cdot\mathbf{i}}{|\mathbf{a}||\mathbf{i}|} = \frac{a_1}{|\mathbf{a}|}$$

同理，

$$\cos\beta = \frac{a_2}{|\mathbf{a}|}, \quad \cos\gamma = \frac{a_3}{|\mathbf{a}|}$$

由上面可知

$$\cos^2\alpha + \cos^2\beta + \cos^2\gamma = 1$$

因而

$$\mathbf{a} = \langle a_1, a_2, a_3 \rangle = \langle |\mathbf{a}|\cos\alpha, |\mathbf{a}|\cos\beta, |\mathbf{a}|\cos\gamma \rangle$$
$$= |\mathbf{a}| \langle \cos\alpha, \cos\beta, \cos\gamma \rangle$$

所以

$$\frac{1}{|\mathbf{a}|}\mathbf{a} = \langle \cos\alpha, \cos\beta, \cos\gamma \rangle$$

換句話說，$\mathbf{a}$ 的方向餘弦為 $\mathbf{a}$ 的單位向量的分量.

【例題 5】 求向量 $\mathbf{a}=\mathbf{i}+2\mathbf{j}+3\mathbf{k}$ 的方向角.

【解】 $|\mathbf{a}| = \sqrt{1+4+9} = \sqrt{14}$

$$\cos\alpha = \frac{1}{\sqrt{14}}, \quad \cos\beta = \frac{2}{\sqrt{14}}, \quad \cos\gamma = \frac{3}{\sqrt{14}}$$

故 $\alpha \approx 74°$, $\beta \approx 58°$, $\gamma \approx 37°$.

隨堂練習 9 若三個非零數 l、m、n 與方向餘弦成比例，即存在一正數 k 使得 $l = k\cos\alpha$，$m = k\cos\beta$，$n = k\cos\gamma$. 若 l、m、n 皆為 $\mathbf{a}$ 的方向數且 $d = (l^2 + m^2 + n^2)^{1/2}$，試證：$\cos\alpha = \dfrac{l}{d}$，$\cos\beta = \dfrac{m}{d}$，$\cos\gamma = \dfrac{n}{d}$.

答案：略.

向量的內積具有下列的性質：

定理 10-5

設 $\mathbf{a}$、$\mathbf{b}$ 與 $\mathbf{c}$ 為平面上或三維空間中的任意向量，且 k 為純量，則
(1) $\mathbf{a} \cdot \mathbf{b} = \mathbf{b} \cdot \mathbf{a}$
(2) $\mathbf{a} \cdot (\mathbf{b} + \mathbf{c}) = \mathbf{a} \cdot \mathbf{b} + \mathbf{a} \cdot \mathbf{c}$
(3) $(\mathbf{a} + \mathbf{b}) \cdot \mathbf{c} = \mathbf{a} \cdot \mathbf{c} + \mathbf{b} \cdot \mathbf{c}$
(4) $k(\mathbf{a} \cdot \mathbf{b}) = (k\mathbf{a}) \cdot \mathbf{b} = \mathbf{a} \cdot (k\mathbf{b})$
(5) $\mathbf{a} \cdot \mathbf{a} = |\mathbf{a}|^2$
(6) $|\mathbf{a} \cdot \mathbf{b}| \leq |\mathbf{a}||\mathbf{b}|$ (柯西-希瓦茲不等式)
(7) $|\mathbf{a} + \mathbf{b}| \leq |\mathbf{a}| + |\mathbf{b}|$ 及 $|\mathbf{a} - \mathbf{b}| \leq |\mathbf{a}| + |\mathbf{b}|$ (此不等式稱為<u>三角不等式</u>)

利用向量內積的定義可求得一向量在另一向量上的正投影長度. 向量 $\mathbf{a}$ 在向量 $\mathbf{b}$ 之方向上的正投影長度 $= ||\mathbf{a}|\cos\theta| = \left||\mathbf{a}|\dfrac{\mathbf{a} \cdot \mathbf{b}}{|\mathbf{a}||\mathbf{b}|}\right| = \dfrac{|\mathbf{a} \cdot \mathbf{b}|}{|\mathbf{b}|}$，此結果的幾何解釋如圖 10-18 所給.

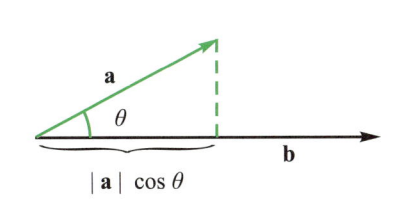

(1) $0 \leq \theta \leq \dfrac{\pi}{2}$ 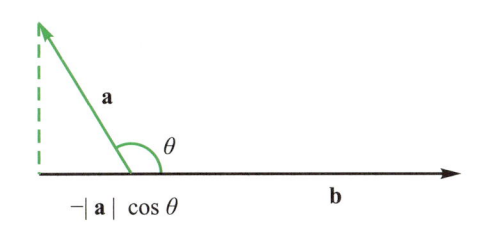   (2) $\dfrac{\pi}{2} \leq \theta \leq \pi$

圖 10-18

【例題 6】 試證：$|\mathbf{a}-\mathbf{b}| \geq |\mathbf{a}|-|\mathbf{b}|$．

【解】 令 $\mathbf{a}=\mathbf{b}+(\mathbf{a}-\mathbf{b})$，利用三角不等式

$$|\mathbf{a}|=|\mathbf{b}+(\mathbf{a}-\mathbf{b})| \leq |\mathbf{b}|+|\mathbf{a}-\mathbf{b}|$$

故 $|\mathbf{a}-\mathbf{b}| \geq |\mathbf{a}|-|\mathbf{b}|$．　□

【例題 7】 求向量 $\mathbf{a}=2\mathbf{i}-\mathbf{j}+\mathbf{k}$ 在向量 $\mathbf{b}=\mathbf{i}+\mathbf{j}+\mathbf{k}$ 之方向上的正投影長度．

【解】 投影長度 $=\dfrac{\mathbf{a}\cdot\mathbf{b}}{|\mathbf{b}|}=\dfrac{(2)(1)+(-1)(1)+(1)(1)}{\sqrt{3}}=\dfrac{2}{\sqrt{3}}$．　□

隨堂練習 10 求向量 $\mathbf{b}=2\mathbf{i}+\mathbf{j}+2\mathbf{k}$ 在向量 $\mathbf{a}=-2\mathbf{i}+3\mathbf{j}+\mathbf{k}$ 之方向上的正投影長度．

答案：$\dfrac{1}{\sqrt{14}}$．

我們現在利用向量方法導出自平面上一點至一直線的距離公式．

設平面上有一直線 L，其方程式為 $ax+by+c=0$，而 $P_0(x_0, y_0)$ 為 L 外一點．令 $Q(x_1, y_1)$ 為 L 上任一點，並放置向量 $\mathbf{n}=a\mathbf{i}+b\mathbf{j}$ 使其始點在 Q．依例題 4，向量 $\mathbf{n}$ 垂直於 L，如圖 10-19 所示．距離 D 即為 $\overrightarrow{QP_0}$ 在 $\mathbf{n}$ 上之正投影的長度，於是，

$$D=\dfrac{|\overrightarrow{QP_0}\cdot\mathbf{n}|}{|\mathbf{n}|}$$

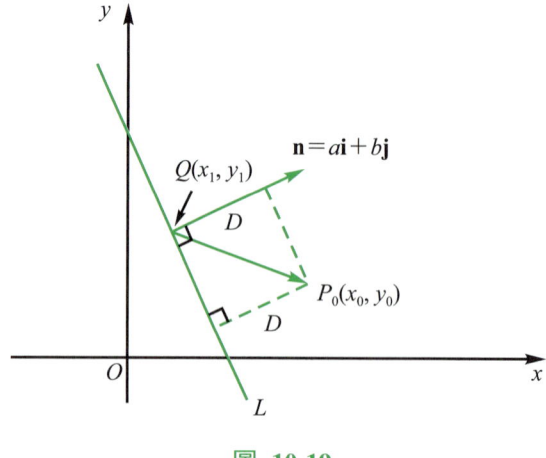

圖 10-19

但
$$\overrightarrow{QP_0} = <x_0-x_1,\ y_0-y_1>$$

$$\overrightarrow{QP_0} \cdot \mathbf{n} = a(x_0-x_1)+b(y_0-y_1)$$

$$|\mathbf{n}| = \sqrt{a^2+b^2}$$

可得
$$D = \frac{|a(x_0-x_1)+b(y_0-y_1)|}{\sqrt{a^2+b^2}} = \frac{|ax_0+by_0-ax_1-by_1|}{\sqrt{a^2+b^2}}$$

因 $Q(x_1,\ y_1)$ 在 L 上，可知 $ax_1+by_1+c=0$，故

$$D = \frac{|ax_0+by_0+c|}{\sqrt{a^2+b^2}}$$

【例題 8】 求點 $(1,\ -2)$ 到直線 $3x+4y-6=0$ 的距離.

【解】 所求距離為

$$D = \frac{|(3)(1)+(4)(-2)-6|}{\sqrt{3^2+4^2}} = \frac{|-11|}{5} = \frac{11}{5}.$$

隨堂練習 11　試求點 $(3,\ 4)$ 到直線 $2x+y=8$ 的距離.

答案：$\dfrac{2\sqrt{5}}{5}$.

習題 10-3

1. 若 (1) $\mathbf{a}=<-7,\ -3>$，$\mathbf{b}=<0,\ 1>$

    (2) $\mathbf{a}=\mathbf{i}-3\mathbf{j}+7\mathbf{k}$，$\mathbf{b}=8\mathbf{i}-2\mathbf{j}-2\mathbf{k}$

    試求 $\mathbf{a}\cdot\mathbf{b}$.

2. 試判斷 $\mathbf{a}$ 與 $\mathbf{b}$ 間之夾角是否形成銳角、鈍角，抑或正交？

    (1) $\mathbf{a}=6\mathbf{i}+\mathbf{j}+3\mathbf{k}$，$\mathbf{b}=4\mathbf{i}-6\mathbf{k}$

    (2) $\mathbf{a}=\mathbf{i}+\mathbf{j}+\mathbf{k}$，$\mathbf{b}=-\mathbf{i}$

    (3) $\mathbf{a}=<4,\ 1,\ 6>$，$\mathbf{b}=<-3,\ 0,\ 2>$

3. 令 $\mathbf{a}=k\mathbf{i}+\mathbf{j}$，且 $\mathbf{b}=4\mathbf{i}+3\mathbf{j}$，求 k 使

   (1) $\mathbf{a}$ 與 $\mathbf{b}$ 正交

   (2) $\mathbf{a}$ 與 $\mathbf{b}$ 之間的夾角為 $\dfrac{\pi}{4}$

   (3) $\mathbf{a}$ 與 $\mathbf{b}$ 平行

4. 設 $\vec{A}=\dfrac{2}{5}\mathbf{a}+\dfrac{1}{5}\mathbf{b}$，$\vec{B}=\dfrac{1}{5}\mathbf{a}-\dfrac{2}{5}\mathbf{b}$，且 $|\vec{A}|=1$，$|\vec{B}|=1$。$\vec{A}$ 與 $\vec{B}$ 垂直，試求 $\mathbf{a}$ 與 $\mathbf{b}$．

5. 設 $|\mathbf{a}|=2$，$\mathbf{b}=<\dfrac{1}{\sqrt{2}},\dfrac{1}{\sqrt{2}}>$，其夾角是 $\dfrac{\pi}{4}$，求 $\mathbf{a}$．

6. 已知平面上三點 $O(0, 0)$、$A(1, 2)$ 和 $B(3, 4)$，試求 $\triangle AOB$ 的面積．

7. 試求向量 $\mathbf{a}=-3\mathbf{i}+\mathbf{j}-2\mathbf{k}$ 在向量 $\mathbf{b}=2\mathbf{i}+4\mathbf{j}-5\mathbf{k}$ 之方向上的正投影長度．

8. 試求向量 $\mathbf{a}=2\mathbf{i}+3\mathbf{j}+\mathbf{k}$ 在向量 $\mathbf{b}=\mathbf{i}+2\mathbf{j}-6\mathbf{k}$ 上之投影．

9. 試證三角不等式 $|\mathbf{u}+\mathbf{v}|\leq|\mathbf{u}|+|\mathbf{v}|$．

10. 試求點 $(2, 6)$ 到直線 $2x+y-8=0$ 的距離．

圓與直線

本章學習目標

11-1 圓的方程式

11-2 圓與直線的關係

11-1　圓的方程式

在坐標平面上，與一定點等距離的所有點所成的圖形稱為圓，此定點稱為圓心，圓心與圓上各點的距離稱為半徑.

假設圓心之坐標為 $C(h, k)$，半徑為 r，則圓上任一點 $P(x, y)$ 至圓心 C 之距離為 $\sqrt{(x-h)^2+(y-k)^2}$，即，點 P 在圓上之充要條件為

$$\sqrt{(x-h)^2+(y-k)^2}=r$$

亦即

$$(x-h)^2+(y-k)^2=r^2$$

故圓心為 $C(h, k)$ 且半徑為 r 的圓方程式為

$$(x-h)^2+(y-k)^2=r^2 \tag{11-1-1}$$

如圖 11-1 所示.

若令 $h=0$，$k=0$，則上式可化為

$$x^2+y^2=r^2$$

故圓心為原點且半徑為 r 的圓方程式為

$$x^2+y^2=r^2 \tag{11-1-2}$$

式 (11-1-1) 與 (11-1-2) 皆稱為圓的標準式.

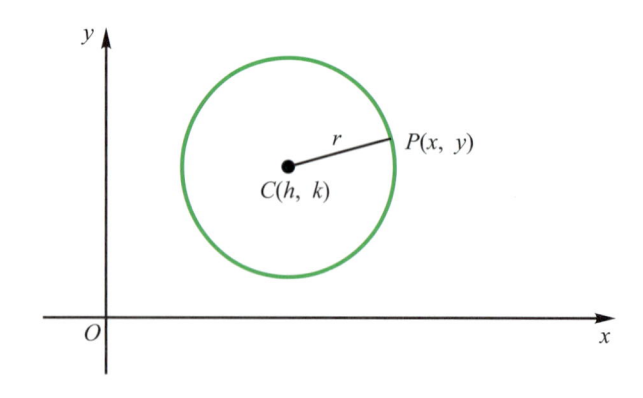

圖 11-1

第 11 章　圓與直線

【例題 1】 已知一圓之圓心為 $(-1, -2)$，半徑為 $\sqrt{5}$，試求此圓的方程式並作其圖形.

【解】 利用式 (11-1-1)，可知此圓之方程式為

$$(x+1)^2+(y+2)^2=(\sqrt{5})^2$$

展開成

$$x^2+y^2+2x+4y=0$$

若 $x=0$、$y=0$，則 $x^2+y^2+2x+4y=0$，故知此圓必通過原點，其圖形如圖 11-2 所示.

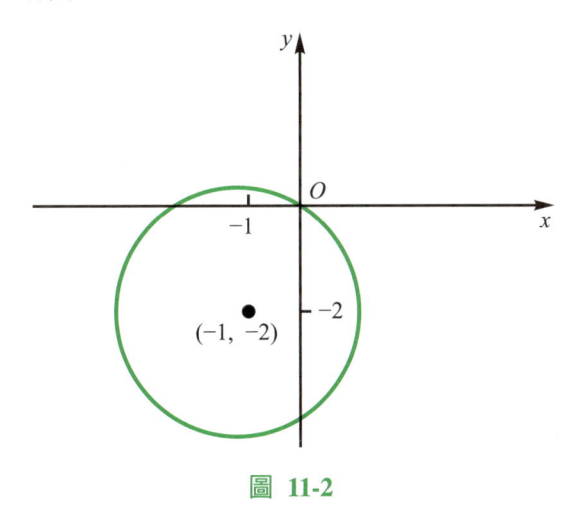

圖 11-2

【例題 2】 求方程式 $x^2+y^2-2x+2y-14=0$ 的圖形.

【解】 由原方程式得

$$(x-1)^2+(y+1)^2=16$$

知其圖形是以 $(1, -1)$ 為圓心，4 為半徑的圓.

隨堂練習 1 試求以點 $(2, -1)$ 為圓心，半徑為 3 之圓的方程式.

答案：$x^2+y^2-4x+2y=4$.

隨堂練習 2 試求以 $(2, 2)$ 為圓心，通過點 $(4, 6)$ 之圓的方程式.

答案：$x^2+y^2-4x-4y=12$.

【例題 3】 試求圓 $x^2+y^2-2x-4y-13=0$ 的圓心與半徑.

【解】 因 $x^2+y^2-2x-4y-13 = x^2-2x+1+y^2-4y+4-18$
$$= (x-1)^2+(y-2)^2-18=0$$

故原式可改寫成
$$(x-1)^2+(y-2)^2=(\sqrt{18})^2$$

由式 (11-1-1) 知，此圓的圓心為 $(1, 2)$，半徑為 $\sqrt{18}$. ∎

隨堂練習 3 試求圓 $x^2+y^2+2x-2y=23$ 的圓心與半徑.

答案：圓心為 $(-1, 1)$，半徑為 5.

將式 (11-1-1) 展開得
$$x^2+y^2-2hx-2ky+h^2+k^2-r^2=0$$

令 $d=-2h$，$e=-2k$，$f=h^2+k^2-r^2$ 代入上式，則得
$$x^2+y^2+dx+ey+f=0 \tag{11-1-3}$$

故得下面的定理.

定理 11-1

任一圓的方程式皆可表為
$$x^2+y^2+dx+ey+f=0$$
的形式，其中 d、e、f 都是實數.

現在討論在方程式 $x^2+y^2+dx+ey+f=0$ 中，d、e、f 應合乎什麼條件，它的圖形才表示一圓？

將 $x^2+y^2+dx+ey+f=0$ 配方，可得

$$\left(x^2+dx+\frac{d^2}{4}\right)+\left(y^2+ey+\frac{e^2}{4}\right)-\frac{d^2}{4}-\frac{e^2}{4}+f=0$$

$$\left(x+\frac{d}{2}\right)^2+\left(y+\frac{e}{2}\right)^2=\frac{d^2+e^2-4f}{4} \tag{11-1-4}$$

第 11 章　圓與直線

1. 若 $d^2+e^2-4f>0$，則比較式 (11-1-4) 與 (11-1-1)，可得其圖形為一圓，圓心為 $\left(-\dfrac{d}{2},\ -\dfrac{e}{2}\right)$，半徑為 $r=\dfrac{1}{2}\sqrt{d^2+e^2-4f}$.

2. 若 $d^2+e^2-4f=0$，則式 (11-1-4) 即為 $\left(x+\dfrac{d}{2}\right)^2+\left(y+\dfrac{e}{2}\right)^2=0$，其圖形為一點 $\left(-\dfrac{d}{2},\ -\dfrac{e}{2}\right)$，稱為 點圓.

3. 若 $d^2+e^2-4f<0$，則式 (11-1-4) 即為 $\left(x+\dfrac{d}{2}\right)^2+\left(y+\dfrac{e}{2}\right)^2<0$，但無實數 x、y 滿足 $\left(x+\dfrac{d}{2}\right)^2+\left(y+\dfrac{e}{2}\right)^2<0$，故無圖形可言，我們常稱其為 虛圓.

將上面討論的結果寫成定理如下：

定理 11-2

> 設二元二次方程式 $x^2+y^2+dx+ey+f=0$ 中，d、e、f 都是實數.
>
> (1) 若 $d^2+e^2-4f>0$，方程式的圖形是以 $\left(-\dfrac{d}{2},\ -\dfrac{e}{2}\right)$ 為圓心而 $\dfrac{1}{2}\sqrt{d^2+e^2-4f}$ 為半徑的圓.
>
> (2) 若 $d^2+e^2-4f=0$，方程式的圖形是一點 $\left(-\dfrac{d}{2},\ -\dfrac{e}{2}\right)$，稱為 點圓.
>
> (3) 若 $d^2+e^2-4f<0$，方程式無圖形可言，稱為 虛圓.

註：(1) d^2+e^2-4f 稱為 圓的判別式.

　　(2) $x^2+y^2+dx+ey+f=0$ 稱為 圓的一般式.

【例題 4】　判別方程式 $2x^2+2y^2+2x-5y+8=0$ 所表圖形.

【解】　　　將原方程式寫成

$$x^2+y^2+x-\dfrac{5}{2}y+4=0$$

因 $d=1$，$e=-\dfrac{5}{2}$，$f=4$，則

$$d^2+e^2-4f=1+\frac{25}{4}-16=-\frac{35}{4}<0$$

故原方程式的圖形為一**虛圓**.

【例題 5】 試求圓 $x^2+y^2+4x+8y-5=0$ 的圓心及半徑，並作其圖形．

【解】 $x^2+y^2+4x+8y-5=0$ 中，$d=4$，$e=8$，$f=-5$．

因 $d^2+e^2-4f=16+64+20=100>0$

故方程式表一圓．

$$h=-\frac{d}{2}=-2,\ k=-\frac{e}{2}=-4,\ r=\frac{1}{2}\sqrt{d^2+e^2-4f}=\frac{1}{2}\sqrt{100}=5$$

故圓心為 $(-2, -4)$，半徑為 5，其圖形如圖 11-3 所示．

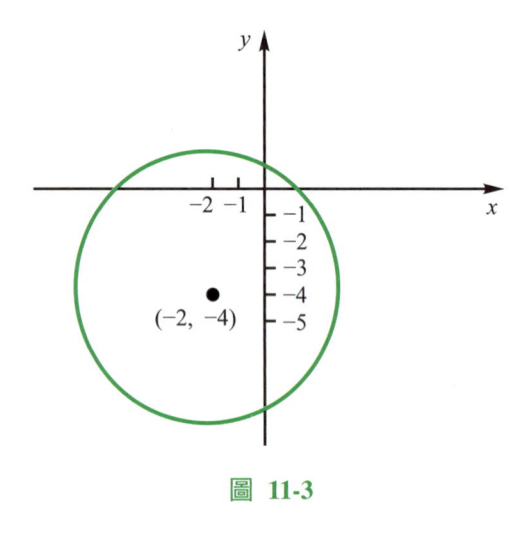

圖 11-3

隨堂練習 4 試求圓 $x^2+y^2-10x-2y+13=0$ 的圓心及半徑．

答案：圓心為 $(5, 1)$，半徑為 $\sqrt{13}$．

【例題 6】 若 $k \in \mathbb{R}$，試討論 $x^2+y^2+4kx-2y+5=0$ 的圖形．

【解】 $d=4k$，$e=-2$，$f=5$，

$$d^2+e^2-4f=(4k)^2+(-2)^2-4\times 5=16k^2+4-20$$
$$=16k^2-16=16(k^2-1)$$

(1) 原方程式的圖形是圓 $\Leftrightarrow d^2+e^2-4f=16(k+1)(k-1)>0$
$\Leftrightarrow |k|>1 \Leftrightarrow k<-1$ 或 $k>1$

(2) 原方程式的圖形是一點 $\Leftrightarrow d^2+e^2-4f=16(k+1)(k-1)=0$
$\Leftrightarrow k=-1$ 或 $k=1$

(3) 原方程式沒有圖形 $\Leftrightarrow d^2+e^2-4f=16(k+1)(k-1)<0$
$\Leftrightarrow |k|<1 \Leftrightarrow -1<k<1.$ ∎

隨堂練習 5 設方程式 $x^2+y^2+2kx-2y+5=0$ 的圖形表一圓，試求 k 的範圍.

答案：$k<-2$ 或 $k>2$ 時，原式的圖形表一圓.

由於圓的方程式可表為 $(x-h)^2+(y-k)^2=r^2$ 或 $x^2+y^2+dx+ey+f=0$ 的形式，只要有三個獨立條件就可以決定三個常數 h、k、r 或 d、e、f 的值，因而說三個獨立條件可決定一圓.

【例題 7】 已知一圓通過 $P_1(-1, 1)$、$P_2(1, -1)$ 及 $P_3(0, -2)$ 等三點，試求其方程式.

【解】 設所求圓的方程式為
$$x^2+y^2+dx+ey+f=0 \quad \text{①}$$
P_1、P_2 及 P_3 在圓上 $\Leftrightarrow$ 這三點的坐標滿足 ① 式

$$\Leftrightarrow \begin{cases} 1+1-d+e+f=0 \\ 1+1+d-e+f=0 \\ 4-2e+f=0 \end{cases}$$

即 $\begin{cases} -d+e+f=-2 \quad \text{②} \\ d-e+f=-2 \quad \text{③} \\ -2e+f=-4 \quad \text{④} \end{cases}$

②+③ 得 $2f=-4$，即 $f=-2$，代入 ④ 式得 $e=1$.

將 $f=-2$，$e=1$ 代入 ③ 式得 $d=1$，

故所求圓的方程式為 $x^2+y^2+x+y-2=0.$ ∎

我們亦可假設圓 C 通過點 $P_1(x_1, y_1)$、$P_2(x_2, y_2)$ 與 $P_3(x_3, y_3)$，則圓 C 的圓心 P_0 乃是 $\overline{P_1P_2}$ 與 $\overline{P_1P_3}$ 兩線段的垂直平分線的交點，半徑則是 $\overline{P_0P_1}$。

【例題 8】 設 $A(-2, 1)$ 及 $B(4, -5)$ 為圓之直徑的二端點，求此圓的方程式。

【解】 圓心為 $\overline{AB}$ 的中點，故圓心為 $(1, -2)$。

半徑為 $\sqrt{[1-(-2)]^2+(-2-1)^2}=\sqrt{9+9}=\sqrt{18}$

故所求圓的方程式為

$$(x-1)^2+(y+2)^2=18 \text{ 或 } x^2+y^2-2x+4y-13=0.$$

隨堂練習 6 一圓通過 $P_1(-1, 1)$ 及 $P_2(1, -1)$ 且圓心在直線 $y-2x=0$ 上，求其方程式。

答案：$x^2+y^2=2$。

習題 11-1

求下列各圓的方程式。

1. 圓心是 $(0, 2)$，半徑是 5。
2. 圓心是 $(-5, 3)$，半徑是 1。
3. 以 $A(-2, 3)$ 及 $B(3, 0)$ 為直徑的二端點。
4. 圓心是 $(-1, 4)$ 且此圓與 x-軸相切。
5. 通過 $P_1(0, 1)$、$P_2(0, 6)$ 與 $P_3(3, 0)$。

試判定下列各方程式的圖形是圓、一點或無圖形。

6. $x^2+y^2+8x-9=0$
7. $x^2+y^2-8y-29=0$
8. $x^2+y^2-2x+2y+2=0$
9. $x^2+y^2+x+10=0$

求下列各圓的圓心及半徑.

10. $x^2+y^2+6x+8y-14=0$
11. $x^2+y^2-4y-5=0$
12. $x^2+y^2+3x-4=0$
13. 設 $\Gamma：x^2+y^2+x+2y+k=0$.
    (1) 若 Γ 為一圓，則 k 的範圍為何？
    (2) 若 Γ 為一點，則 k 的範圍為何？
    (3) 若 Γ 無圖形，則 k 的範圍為何？
14. 求過點 $P_1(2，6)$、$P_2(-1，-3)$ 與 $P_3(3，-1)$ 的圓的方程式.
15. 若 $x^2+y^2+2dx+2ey+f=0$ 的圖形為一圓，試求圓心之坐標與半徑.
16. 已知點 $P_1(1，2)$ 與 $P_2(5，-2)$ 是圓 C 上二點，而且弦 $\overline{P_1P_2}$ 與圓心的距離為 $\sqrt{2}$，試求圓 C 的方程式.

11-2　圓與直線的關係

在坐標平面上，設直線 L 的方程式為 $ax+by+c=0$，圓 C 的方程式為 $x^2+y^2+dx+ey+f=0$，則直線 L 與圓 C 有三種可能關係，如圖 11-4 所示.

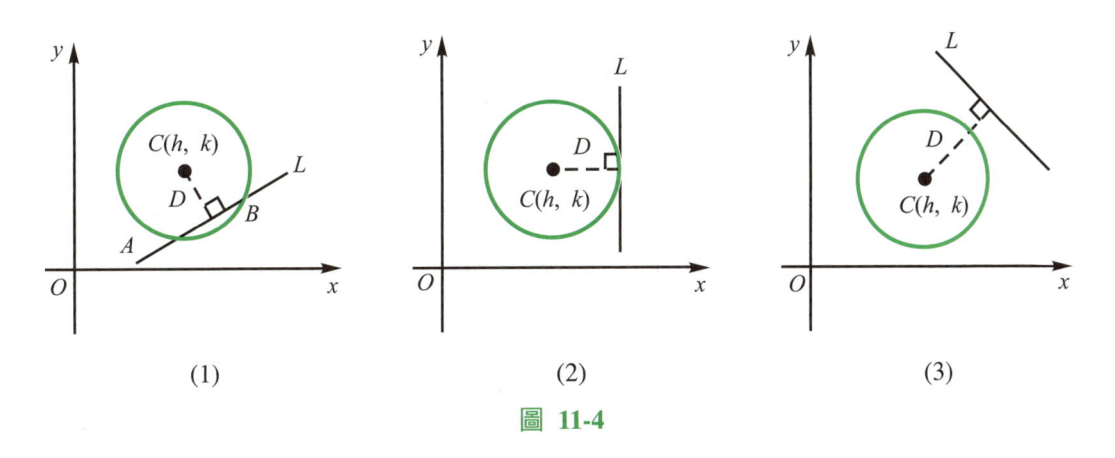

(1)　　　　　　　(2)　　　　　　　(3)

圖 11-4

我們考慮下述聯立方程式：

$$\begin{cases} ax+by+c=0 \\ x^2+y^2+dx+ey+f=0 \end{cases} \tag{11-2-1}$$

1. 直線 L 與圓 C 相交於兩點 (此時直線 L 稱為圓 C 的割線)
   $\Leftrightarrow$ 式 (11-2-1) 有兩組相異的實數解
   $\Leftrightarrow$ 直線 L 與圓 C 之圓心的距離小於半徑.

2. 直線 L 與圓 C 相切於一點 (此時直線 L 是圓 C 的切線)
   $\Leftrightarrow$ 式 (11-2-1) 只有一組實數解
   $\Leftrightarrow$ 直線 L 與圓 C 之圓心的距離等於半徑.

3. 直線 L 與圓 C 不相交
   $\Leftrightarrow$ 式 (11-2-1) 沒有實數解
   $\Leftrightarrow$ 直線 L 與圓 C 之圓心的距離大於半徑.

若直線 L 的方程式為 $ax+by+c=0$，圓 C 的方程式為 $(x-h)^2+(y-k)^2=r^2$，則直線 L 與圓 C 的幾何位置有下列三種情形，如圖 11-4 所示.

1. 直線 L 與圓 C 相交於二點 $\Leftrightarrow$ 距離 $D=\dfrac{|ah+bk+c|}{\sqrt{a^2+b^2}}<r.$

2. 直線 L 與圓 C 相切 $\Leftrightarrow D=\dfrac{|ah+bk+c|}{\sqrt{a^2+b^2}}=r.$

3. 直線 L 與圓 C 不相交 $\Leftrightarrow D=\dfrac{|ah+bk+c|}{\sqrt{a^2+b^2}}>r.$

【例題 1】 已知直線 L 的方程式為 $y=3x+k$，圓 C 的方程式為 $x^2+y^2=10$，試就 k 的值討論直線 L 與圓 C 的相交情形.

【解】 考慮聯立方程式

$$\begin{cases} y=3x+k \quad \cdots\cdots\cdots\cdots\cdots\cdots\cdots\cdots\cdots\cdots\cdots\cdots\cdots\cdots\cdots\cdots ① \\ x^2+y^2=10 \quad \cdots\cdots\cdots\cdots\cdots\cdots\cdots\cdots\cdots\cdots\cdots\cdots\cdots\cdots ② \end{cases}$$

將 ① 式代入 ② 式，可得

$$x^2+(3x+k)^2=10$$
$$10x^2+6kx+k^2-10=0$$

此二次方程式的判別式為

$$\Delta=(6k)^2-4\times 10\times(k^2-10)=-4(k^2-100)$$

(1) 若 $-10<k<10$，則 $\Delta>0$；此時，聯立方程式有兩組實數解，直線 L 是圓 C 的割線.

(2) 若 $k=-10$ 或 $k=10$，則 $\Delta=0$；此時，聯立方程式只有一組實數解，直線 L 是圓 C 的切線.

(3) 若 $k<-10$ 或 $k>10$，則 $\Delta<0$；此時，聯立方程式沒有實數解，直線 L 與圓 C 不相交. ▪

隨堂練習 7 設某圓的方程式為 $x^2+y^2-6x-8y-11=0$，試判別此圓與下列各直線的關係 (相離、相交或相切) 並作圖形.

(1) $L_1：y-2x=6\sqrt{5}-2$
(2) $L_2：2x-y-1=0$
(3) $L_3：3x+4y+8=0$

答案：(1) 圓與直線 L_1 相切,
(2) 圓與直線 L_2 相交,
(3) 圓與直線 L_3 相離.

【例題 2】 試求與直線 $y=\dfrac{3}{2}x-6$ 相切，且圓心為 $(2,-1)$ 之圓的方程式.

【解】 $y=\dfrac{3}{2}x-6 \Rightarrow 3x-2y-12=0$

圓之半徑為 $r=\dfrac{|3\times 2-2\times(-1)-12|}{\sqrt{3^2+2^2}}=\dfrac{4}{\sqrt{13}}$

故圓的方程式為 $(x-2)^2+(y+1)^2=\left(\dfrac{4}{\sqrt{13}}\right)^2$

即 $13x^2+13y^2-52x+26y+49=0.$ ▪

【例題 3】 試求通過點 $(1, -5)$ 且與圓 $x^2+y^2+4x-2y-4=0$ 相切的直線方程式.

【解】 設所求切線方程式為 $y+5=m(x-1)$

即 $$mx-y-5-m=0$$

將 $x^2+y^2+4x-2y-4=0$ 配方，可得

$$(x+2)^2+(y-1)^2=9$$

故圓心是 $(-2, 1)$，半徑是 3.

圓心 $(-2, 1)$ 到切線的距離為半徑 3，所以，

$$\frac{|-2m-1-5-m|}{\sqrt{m^2+1}}=3$$

即 $$|m+2|=\sqrt{m^2+1}$$

整理後可得 $$m=-\frac{3}{4}$$

但通過圓外一點與圓相切的直線有兩條，故另一條必為通過 $(1, -5)$ 的垂直線，故所求切線為

$$y+5=-\frac{3}{4}(x-1) \text{ 與 } x-1=0$$

即 $$3x+4y+17=0 \text{ 與 } x-1=0$$

其圖形如圖 11-5 所示.

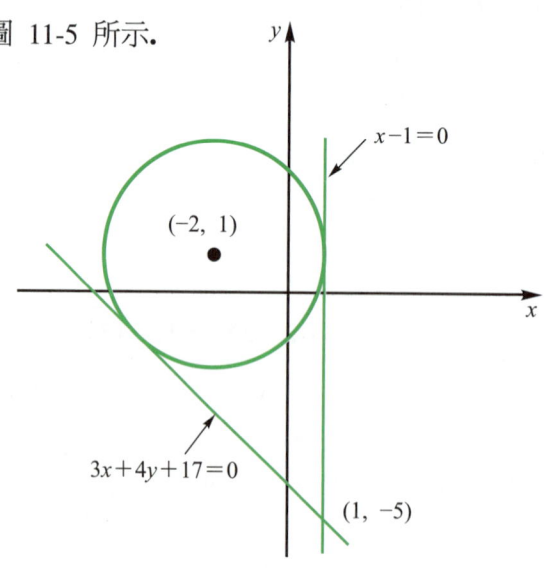

圖 11-5

隨堂練習 8 設一圓的方程式為 $2x^2+2y^2-8x-5y+k=0$，試就下列各情況求 k 的值.

(1) 若圓與 x-軸相切.

(2) 若圓與 y-軸相切.

答案：(1) $k=8$，(2) $k=\dfrac{25}{8}$.

習題 11-2

1. 二次方程式 $x^2+y^2=25$ 之圖形為圓心位於原點的圓，試判別此圓與下列各直線的關係 (相離、相交或相切).

   (1) $L_1：3x-4y=20$

   (2) $L_2：y-x=5\sqrt{2}$

   (3) $L_3：2x+3y=21$

2. 已知直線 L 與圓 C 的方程式分別為

$$L：y=mx+2$$
$$C：x^2+y^2=2$$

   試就 m 值討論直線 L 與圓 C 的關係.

3. 求通過點 $(6,-2)$ 且與圓 $(x-3)^2+(y+1)^2=10$ 相切的切線方程式.

4. 求通過點 $(1,7)$ 且與圓 $x^2+y^2=25$ 相切的切線方程式.

5. 設直線 L 與圓 C 的方程式分別為

$$L：x+y-3=0$$
$$C：x^2+y^2-4x+6y+5=0$$

   試證直線 L 為圓 C 的切線，並求其切點.

6. 試求通過點 $(-4,4)$ 且與圓 $x^2+y^2-6x-6y-7=0$ 相切的切線方程式.

7. $x+y-2=0$ 是不是 $x^2+y^2=1$ 的切線？是不是 $x^2+y^2=2$ 的切線？

8. 已知直線 $\lambda x+y+2\lambda=0$ 與圓 $x^2+y^2=1$，求 λ 之值，使它們交於二點、相切及不相交.

9. 已知下列兩圓 K_1、K_2 相交於兩點，求 k 之範圍. (提示：兩圓相交於兩點，將兩方程式消去一元得另一元的二次方程式，判別式大於零解得 k 之範圍.)

$$K_1：x^2+y^2+2kx-5y-10=0$$
$$K_2：x^2+y^2-3y-16=0$$

10. 若方程式 $x^2+y^2-2ax-2y+1=0$ 與 $x^2+y^2-2x-2ay+1=0$ 所表的二圓相切，試求 a 之值. (提示：由方程式求得圓的圓心，二圓心的距離等於二半徑之和，即解得 a 值.)

11. 求與圓 $x^2+y^2+3x-8y+9=0$ 同心且切於 x-軸的圓方程式. (提示：由已知圓先求出欲求的圓心，再求圓心至 x-軸的距離為圓半徑.)

12. 試求以 $K(3，4)$ 為圓心，且與直線 $2x-y+5=0$ 相切的圓方程式.

13. 平面上有一直線 $L：3x-4y+k=0$ 及圓 $C：x^2+y^2-2x+4y=4$.

    (1) 若直線 L 與圓 C 不相交，則 k 之範圍為何？

    (2) 若直線 L 與圓 C 相切，則 k 之值為何？

    (3) 若直線 L 與圓 C 相交於二點，則 k 之範圍為何？

12 排列與組合

本章學習目標

12-1 樹形圖

12-2 加法原理與乘法原理

12-3 排　列

12-4 組　合

12-5 二項式定理

12-1 樹形圖

當我們在做一件事情時，如果其步驟較為繁雜，那麼我們可以分類、分層討論，就如樹木的分幹、分枝，將複雜的步驟轉化成有系統的問題討論．通常，我們採用樹形圖，由左而右逐層分類，使步驟明顯化，它的好處是"脈絡清晰，不會遺漏，不會重複"．

【例題 1】 一教室有四個門：A、B、C、D，某生進出不同門，問"進、出"門的方法有幾種？

【解】 共有 12 種方法，如圖 12-1 所示．

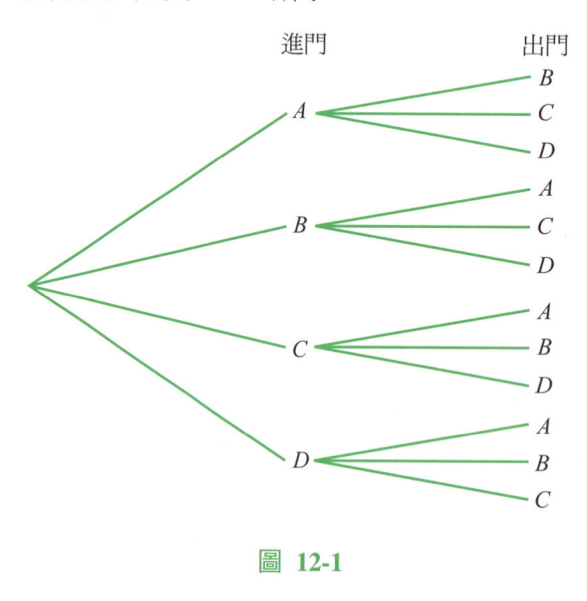

圖 12-1

【例題 2】 如圖 12-2，有一隻螞蟻從正方體的頂點 A，沿著稜線取捷徑到達頂點 G，試問共有多少種不同的路線？

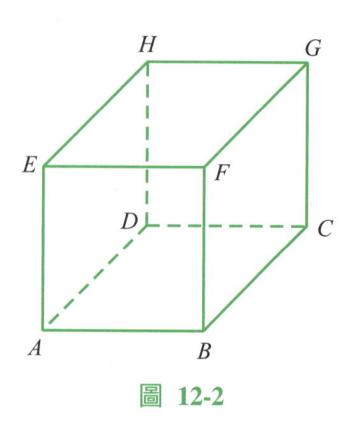

圖 12-2

【解】　共有 6 條路線.

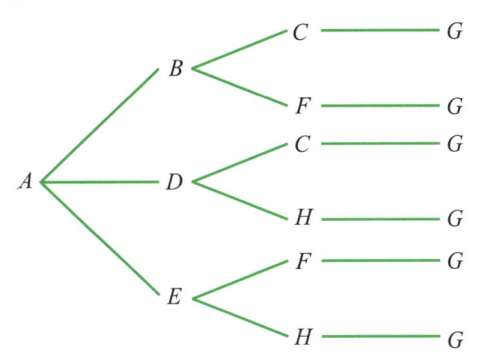

```
        ┌─ C ─── G
    ┌ B ┤
    │   └─ F ─── G
    │   ┌─ C ─── G
A ──┼ D ┤
    │   └─ H ─── G
    │   ┌─ F ─── G
    └ E ┤
        └─ H ─── G
```

【例題3】　甲、乙二人賽棋，先連勝二局或先勝三局者為贏方 (設無和局)，試求此比賽共有幾種不同的比賽過程？

【解】　第一局甲勝有 5 種過程，第一局乙勝有 5 種過程，故共有 5＋5＝10 種，如圖 12-3 所示.

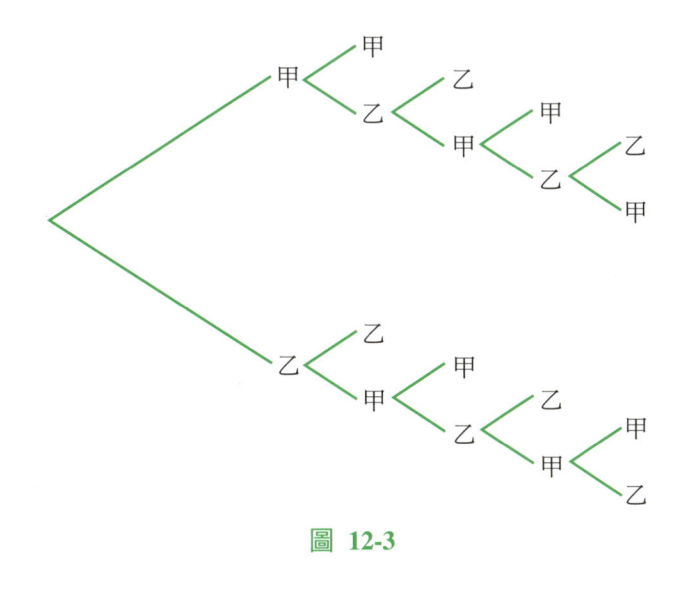

圖 12-3

隨堂練習1　由 1，2，3，4 四個數字，可組成多少數字相異的三位數？

答案：24 個.

習題 12-1

1. 由 1，2，3，4，5 五個數字，可組成多少個數字均相異的三位數？

2. 甲、乙兩隊比賽桌球，先勝三局者為贏方 (設無和局)，試求此比賽共有幾種不同的比賽過程？

3. 字母 a、b、c 各 2 個，合計 6 個排成一列，同字不相鄰，問共有多少種不同的排列順序？

4. 設甲、乙兩君比賽網球，採取「五戰三勝」制 (即先勝三場者為贏家). 比賽結果甲君贏，且知乙君勝了第一場，試利用樹形圖表示比賽的所有可能情形.

5. 如下圖，某人自 A 出發，沿著路徑一直走到已走過的點為止，共有多少種走法？

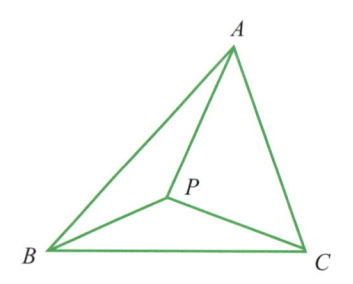

6. 如下圖，有一隻螞蟻自 A 沿著正方體 ABCDEFGH 的稜線爬到 E，但同一點不經過兩次，其方法有幾種？

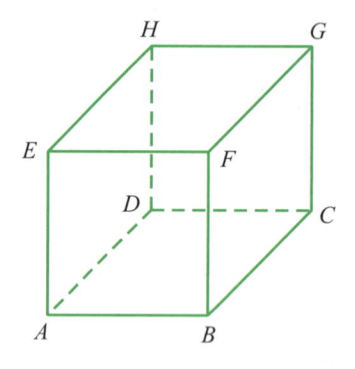

7. A、B 兩支排球隊對抗，以三戰兩勝決定勝或負，試以樹形圖表出各種可能的結果.

8. 某股票經紀商要向顧客推薦六種股票作為投資之標的，在其中選出一種為甲等，又在其餘部分選出其中之一為乙等，試以樹形圖表示共有多少種選法？

9. 試利用樹形圖求 $(1+t+t^2)(1+u)(1+v)$ 之展開式共有多少項？

10. 甲、乙、丙、丁四人參加獨唱比賽，試求出場的順序有多少種？試用樹形圖分析之.
11. A、B 兩隊比賽排球，規定每局不得成和局，且先贏 3 局之隊為贏方．若有勝方出現比賽即停止，試求比賽可能發生之情形有幾種？

12-2　加法原理與乘法原理

一、加法原理

我們先看下面的問題：

從甲地到乙地，公路有三條，鐵路有二條，試問某人從甲地到乙地，共有多少種走法？

某人如果走公路，有 3 條路線可選擇，如果走鐵路，有 2 條路線可選擇，且他只能自"公路"或"鐵路"中選擇一種（走公路就不可能同時走鐵路，反之亦然），故共有 $3+2=5$ 種走法．這個問題可一般化為：從甲地到乙地，"走公路"是一種途徑，有 m_1 種方法，"走鐵路"是另一種途徑，有 m_2 種方法，且這兩種途徑不可能同時進行，則共有 m_1+m_2 種走法．此結論推廣如下：

> 若完成某件事有 n 種途徑，但這 n 種途徑當中只能擇一進行，而完成這 n 種途徑的方法，依次有 $m_1, m_2, \cdots, m_n$ 種，則完成該件事的方法共有 $m_1+m_2+\cdots+m_n$ 種．

上述結論稱為**加法原理**.

【例題 1】　書架上層放有五本不同的數學書，下層放有六本不同的英文書.
　　　　　(1) 從中任取數學書與英文書各一本，有多少種不同的取法？
　　　　　(2) 從中任取一本，有多少種不同的取法？

【解】　　(1) 從書架上任取數學書與英文書各一本，可以分成兩個步驟完成：第一步取一本數學書，有 5 種方法；第二步取一本英文書，有 6 種方法．根據乘法原理，取一本數學書與一本英文書的方法共有 $5\times6=30$ 種．

(2) 從書架上任取一本，有兩種方式：第一種方式是從上層取數學書，可以從 5 本中任取一本，有 5 種方法；第二種方式是從下層取英文書，可以從 6 本中任取一本，有 6 種方法．根據加法原理，任取一本的方法有 5＋6＝11 種． ▣

【例題 2】 一粒公正骰子連擲 4 次，共有多少種不同的結果？

【解】 共有 4 個步驟（擲第一次，…，第四次），每個步驟各有 6 種結果（1 點，2 點，…，6 點），由乘法原理可知，共有 6×6×6×6＝1296 種結果． ▣

隨堂練習 2　由數字 1，2，3，4，5 五個數字可以組成多少個三位數（數字允許重複）？

答案：125 個．

二、乘法原理

我們現在來介紹排列組合的一個 基本計數原理，也稱為 乘法原理．

設從甲村到乙村有三條路可走，乙村到丙村有二條路可走（圖 12-4），試問從甲村經乙村到丙村，共有多少種不同的走法？

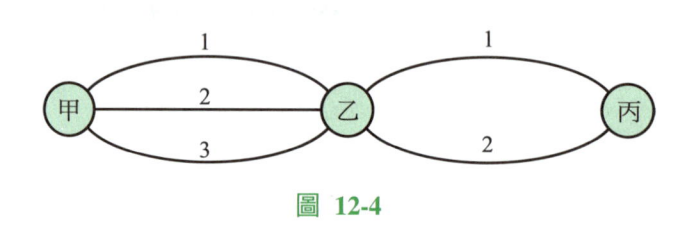

圖 12-4

圖 12-4 可分解成圖 12-5，如下：

圖 12-5

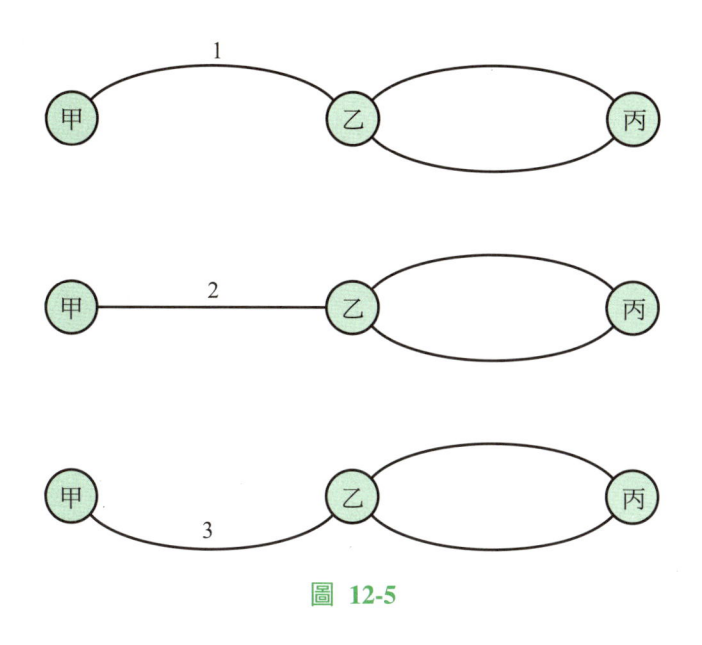

換句話說，從甲村到乙村的任何一條路線可搭配乙村到丙村的二條路線，因此共可搭配成 3×2＝6 條路線．換個角度來看，"從甲村經乙村到丙村"這件事情可分成兩個步驟：第 1 個步驟是"甲村到乙村"，第 2 個步驟是"乙村到丙村"．完成這件事情的第 1 個步驟有 3 種方法，第 2 個步驟有 2 種方法，故依序完成這件事情總共有 3×2＝6 種方法．

我們從上面的問題可以得到下面的結論：

若完成某件事有兩個步驟，做完第 1 個步驟有 m_1 種方法，做完第 2 個步驟有 m_2 種方法，則完成該件事共有 $m_1 \times m_2$ 種方法．我們可以將上面的結論推廣如下：

> 若完成某件事要經 k 個步驟依序完成，而
> 完成第 1 個步驟有 m_1 種方法，
> 完成第 2 個步驟有 m_2 種方法，
> ⋮
> 完成第 k 個步驟有 m_k 種方法，
> 則完成該件事共有 $m_1 \times m_2 \times \cdots \times m_k$ 種方法．

上述結論就稱為乘法原理．

習題 12-2

1. 圖書館中有 5 本不同的數學書與 8 本不同的英文書，某生欲選數學書與英文書各 1 本，共有多少種選法？

2. 某校壘球隊是由 3 位高一學生、5 位高二學生及 7 位高三學生所組成．今欲從該球隊中選出 3 人，每年級各選 1 人參加壘球講習會，共有多少種選法？

3. 有 4 個門的房子，如由其中一門進入，往另外一門出去時，將共有幾種走法？

4. 如下圖之正立方體，沿各稜自 A 取捷徑到對角線之另一頂點 H，其走法有多少種？

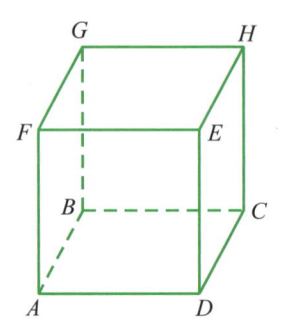

5. 下圖中 A、B、C、D、E 部分，分別用紅、藍、咖啡、黃、綠五色加以塗色區別，問有幾種著色方法？同色可重複使用，惟相鄰部分不得同色．

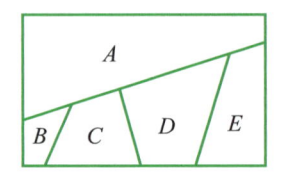

6. 甲、乙兩人在排成一列的 5 個座位中選坐相連的 2 個座位，共有多少種坐法？

7. 甲、乙、丙三人在排成一列的 8 個座位中選坐相連的 3 個座位，共有多少種坐法？

8. 有四艘渡船，每船可坐 5 人，今有 4 人欲坐船過河，共有幾種不同的過渡法？

9. 設有 8 個座位排成一列，選出 3 個相連座位給 3 個男生入座，再另外選出 3 個相連座位給 3 個女生入座，則其坐法共有若干種？

10. 若從甲地到乙地有 8 條路可走，從乙地到丙地有 4 條路可走，從丙地到丁地有 3

條路可走，則從甲地經乙地，再經丙地到丁地，共有幾種走法？
11. 某一棒球隊有 6 名投手，4 名捕手，投捕搭配起來共有幾種配對？
12. 設甲地和乙地間有 1 號、2 號、3 號、4 號四條路，其中 1 號路是從甲地到乙地的單行道，2 號路是從乙地到甲地的單行道，3 號和 4 號兩路可以雙方向通行．若某人從甲地到乙地，然後再回甲地，但來回不走同一條路，試問有幾種走法？
13. 人數有 5 位，入座有編號的椅子 6 張，問共有幾種坐法？
14. 英國汽車牌照字首，由英文字母中任意選擇二字組成，如 AH、AW、BB、BJ 等，但並無 BF 牌照，問可有多少種不同牌照字首？
15. 設某飲食店備有 8 元的菜 5 種，5 元的菜 2 種，3 元的菜 4 種，現吳先生預計以 16 元的菜錢吃午餐，且打算每種價錢的菜都試一試，試問吳先生有多少種點菜的方法？
16. 投擲一枚一元硬幣及一個骰子所出現之情形有幾種？
17. 540 有若干個正因數？

12-3　排　列

在一群事物中選取某些個排成各種不同的順序，稱為排列，所有可能的排列總數稱為排列數．例如，從 1，2，3，4 這四個數字中，每次選取三個，按照百位、十位、個位的順序排列起來，共有 24 種三位數，它們是：

123	124	132	134	142	143
213	214	231	234	241	243
312	314	321	324	341	342
412	413	421	423	431	432

上面的結果分析如下：

第一步，先確定百位上的數字，在 1，2，3，4 這四個數字中任取一個，有 4 種方法．

第二步，當百位上的數字確定以後，十位上的數字只能從餘下的三個數字中去取，有 3 種方法．

第三步，當百位、十位上的數字都確定以後，個位上的數字只能從餘下的兩個數字中去取，有 2 種方法.

根據乘法原理，從四個不同的數字中，每次取出三個排成一個三位數的方法共有 $4 \times 3 \times 2 = 24$ 種.

一、直線排列

假設有 n 個不同事物，從其中任選 m 個排成一列，我們想要知道有多少種排法. 我們可將這件事想成有 m 個空格要逐一填充，即，這件事有 m 個步驟要依次完成. 在圖 12-6 中，我們以 $1, 2, 3, \cdots, m$ 分別表示第一個，第二個，第三個，…，第 m 個空格.

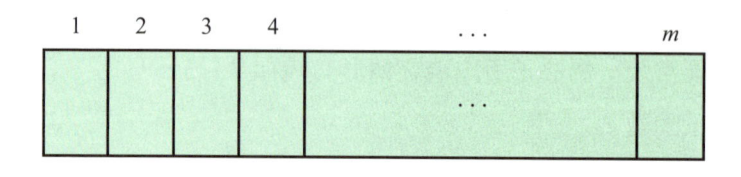

圖 12-6

第一步是從 n 個不同事物中選出一個來填進空格 1 中，共有 n 種方法.

第二步是從剩下的 $n-1$ 個不同事物中選出一個來填進空格 2 中，共有 $n-1$ 種方法.

依此類推，我們知道填進空格 3 的方法有 $n-2$ 種，填進空格 4 的方法有 $n-3$ 種，…，填進空格 m 的方法有 $n-(m-1)=n-m+1$ 種. 根據乘法原理，要填完 m 個空格總共有

$$n \cdot (n-1) \cdot (n-2) \cdot \cdots \cdot (n-m+1)$$

種方法. 因此，我們得到從 n 件不同事物中，任選 m 件排成一列，總共有 $n \cdot (n-1) \cdot (n-2) \cdot \cdots \cdot (n-m+1)$ 種方法. 我們以符號 P^n_m 表示從 n 件不同的事物中任選 m 件 $(m \leq n)$ 的排列總數，即

$$P^n_m = n \cdot (n-1) \cdot (n-2) \cdot \cdots \cdot (n-m+1)$$ (12-3-1)

若 $m=n$，則

$$P^n_m = P^n_n = n \cdot (n-1) \cdot (n-2) \cdot \cdots \cdot 3 \cdot 2 \cdot 1$$

此公式指出，從 n 件不同事物中，全取排成一列的排列總數等於自然數 1 到 n 的連乘積．自然數 1 到 n 的連乘積，稱為 **n 的階乘**，通常用 $n!$ 表示．所以，

$$P_n^n = n! \leq n \cdot (n-1) \cdot (n-2) \cdot \cdots \cdot 2 \cdot 1 \tag{12-3-2}$$

如果我們規定 $0!=1$，則不論 $m<n$ 或 $m=n$，我們都有

$$P_m^n = n \cdot (n-1) \cdot (n-2) \cdot \cdots \cdot (n-m+1)$$

$$= \frac{n \cdot (n-1) \cdot (n-2) \cdot \cdots \cdot (n-m+1) \cdot (n-m) \cdot \cdots \cdot 3 \cdot 2 \cdot 1}{(n-m) \cdot \cdots \cdot 3 \cdot 2 \cdot 1}$$

$$= \frac{n!}{(n-m)!} \tag{12-3-3}$$

【例題 1】 計算 P_3^{16} 及 P_6^6．

【解】 $P_3^{16} = 16 \times 15 \times 14 = 3360$

$P_6^6 = 6! = 6 \times 5 \times 4 \times 3 \times 2 \times 1 = 720$．　□

【例題 2】 從字母 A、B、C、D、E 中，(1) 五個字母排成一列，(2) 任選三個排成一列，共有多少種排法？

【解】 (1) $5! = 5 \times 4 \times 3 \times 2 \times 1 = 120$．

(2) 此問題為從五個不同事物中任選三個的排列，故排列總數為

$$P_3^5 = \frac{5!}{(5-3)!} = \frac{5!}{2!} = 5 \times 4 \times 3 = 60 \text{ (種)}.$$ 　□

【例題 3】 某段鐵路上有 12 個車站，共需要準備多少種普通車票？

【解】 因為每一張車票對應著兩個車站的一個排列，所以需要準備的車票種數，就是從 12 個車站中任取 2 個的排列數：

$$P_2^{12} = 12 \times 11 = 132 \text{ (種)}.$$ 　□

【例題 4】 用 0 到 9 這十個數字排成沒有重複數字的三位數，共有多少種排法？

【解】 從 0，1，2，3，4，5，6，7，8，9 共十個數字中，任選三個數字排成三位數，其排列數為

$$P_3^{10} = 10 \times 9 \times 8 = 720 \text{ (種)}$$

但其中含有百位數字是 0 的數，此種數其實是兩位數，故須除去．就百位數字是 0 的數，它的十位數與個位數均由 1，2，3，4，5，6，7，8，9 等九個數字組成，其方法有

$$P_2^9 = 9 \times 8 = 72 \text{ (種)}$$

故所求的三位數有

$$P_3^{10} - P_2^9 = 720 - 72 = 648 \text{ (種)}.$$

【例題 5】 若 $P_3^{2n} : P_2^{n+1} = 10 : 1$，試求 n 之值．

【解】 因 $P_3^{2n} = 2n(2n-1)(2n-2)$；$P_2^{n+1} = (n+1) \cdot n$

所以， $2n(2n-1)(2n-2) = 10 \cdot (n+1) \cdot n$

則 $4n^2 - 11n - 3 = 0$，則 $(4n+1)(n-3) = 0$，

故 $n = 3$．

隨堂練習 3 男生 3 人及女生 2 人排成一列合拍團體照，女生 2 人希望相鄰並排，共有多少種排法？

答案：48 種．

隨堂練習 4 用 0，1，2，3，4，5 六個數字，所有數字不得重複，排列成能以 5 整除的三位數，共有若干個？

答案：36 個．

二、不盡相異物的排列

假設 n 個元素中有相同元素，亦有相異元素，則稱元素不盡相異；若取其中一部分或全部元素做排列，稱為<u>不盡相異物的排列</u>．首先，我們看一下簡單的例子．

【例題 6】 將大小相同的紅球 3 個、黑球 1 個、白球 1 個排成一列，共有多少種排法？

【解】 設共有 x 種排法．因"紅黑紅紅白"為其中一種排法，而對此種排法而言，若將 3 個紅球看成不同的球，分別以 紅$_1$、紅$_2$、紅$_3$ 表示，則有下面

3！＝6 種不同的排法：

$$\text{紅}_1 \text{ 黑 紅}_2 \text{ 紅}_3 \text{ 白} \quad \text{紅}_2 \text{ 黑 紅}_1 \text{ 紅}_3 \text{ 白}$$
$$\text{紅}_3 \text{ 黑 紅}_1 \text{ 紅}_2 \text{ 白} \quad \text{紅}_1 \text{ 黑 紅}_3 \text{ 紅}_2 \text{ 白}$$
$$\text{紅}_2 \text{ 黑 紅}_3 \text{ 紅}_1 \text{ 白} \quad \text{紅}_3 \text{ 黑 紅}_2 \text{ 紅}_1 \text{ 白}$$

5 個球全排 (將紅球看成不同) 的排列數為 5!，因此，

$$x \times 3! = 5!$$

即

$$x = \frac{5!}{3!} = 5 \times 4 = 20 \text{ (種)}.$$

由例題 6 的討論，我們有下面的結論：

> 設 n 個物件中有 r 個相同，其餘均不同，若全取 n 個排列 (不可重複)，則排列總數為 $\dfrac{n!}{r!}$．

【例題 7】 將大小相同的 4 個白球、2 個黑球、1 個紅球排成一列，共有多少種排法？

【解】 設共有 x 種排法．就其中的每種排法而言，將任意兩個同色的球互換位置時，此排列不變．但是，若在每一次排列中，視 4 個白球為不同的球，則 4 個白球的排列應有 4! 種；若視 2 個黑球為不同的球，則 2 個黑球的排列應有 2! 種．又每一個球均不同的總排列數為 7! 種，故

$$x \times 4! \times 2! = 7!$$

即

$$x = \frac{7!}{4! \, 2!} = 105 \text{ (種)}.$$

將上述的觀念推廣，可得到下面的結論：

設 n 個物件中，共有 k 種不同種類，第一類有 m_1 個相同，第二類有 m_2 個相同，…，第 k 類有 m_k 個相同，且 $n = m_1 + m_2 + \cdots + m_k$，則將此 n 個不完全相異的物件排成一列的排列總數為

$$\frac{n!}{m_1! \, m_2! \cdots m_k!} \tag{12-3-4}$$

以符號 $\begin{pmatrix} n \\ m_1, m_2, \cdots, m_k \end{pmatrix}$ 表示．

【例題 8】 "banana" 一字的各字母任意排成一列，共有多少種排列法？

【解】 banana 中有相同字母 "a, a, a" 及 "n, n"，故排列數為

$$\frac{6!}{3! \, 2! \, 1!} = 60 \; (種).$$

【例題 9】 相同的鉛筆 5 枝，與相同的原子筆 3 枝，分給 8 個小孩，每人各得 1 枝，共有多少種分法？

【解】 此題為有些相同的全排情形，所以共有

$$\frac{8!}{5! \, 3!} = 56 \; (種)$$

分法．

【例題 10】 設由 A 到 B 的街道，如圖 12-7 所示，今自 A 取捷徑走到 B，共有多少種走法？

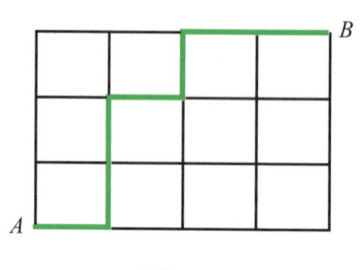

圖 12-7

【解】　設向東走一小段 (一個街口到下一個街口) 用 E 表示，向北走一小段用 N 表示，則每一種走法都是由 4 個 E 與 3 個 N 排列而成，如圖中粗線所示的路徑 $ENNENEE$ 為其中一種走法．所以，由公式知

$$\frac{(4+3)!}{4!\,3!}=35 \text{ (種)}.$$

【例題 11】　A、B、C、D、E 五個字母排成一列，若 A 必須排在 B、C 之前，則有幾種排法？

【解】　有順序關係之 A、B、C 若先以"□"取代，最後再填入．

□□□DE 先排有 $\dfrac{5!}{3!}$ 種排法，再以 A、B、C 填入：

□□□DE
$A\ B\ C$
$A\ C\ B$

排法有 $2!=2$ 種．

故排法共有 $\dfrac{5!}{3!}\times 2=40$ 種．

隨堂練習 5　將"PIPPEN"六個英文字母依下列各種排法重新排列，試問有多少種排法？

(1) 任意排列．

(2) 三個"P"字不完全相連．

答案：(1) 120 種，(2) 96 種．

三、重複排列

從 n 個不同物件中，可重複地任選 m 個排成一列，稱為 n 中取 m 的**重複排列**，它也是排列的一種．我們仍然以填空格的方法來說明 n 中取 m 的重複排列的總數，如圖 12-8．

| 1 | 2 | 3 | ... | m−1 | m |

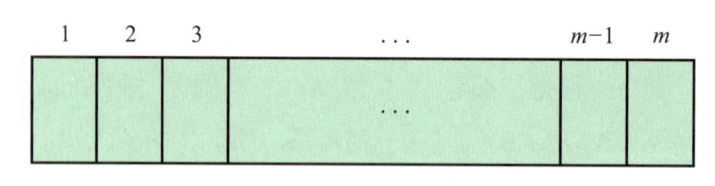

圖 12-8

第一步：從 n 個不同物件中，選取一個填進空格 1 中，有 n 種方法.

第二步：因為可以重複地選取，所以還是從 n 個不同物件中，選取一個填進空格 2 中，有 n 種方法.

依同樣的步驟，連續進行 m 次，就可將 m 個空格填完，且每一次都有 n 種方法. 根據乘法原理，可知共有

$$\underbrace{n \cdot n \cdot n \cdots \cdot n}_{m \text{ 個 } n \text{ 相乘}} = n^m$$

種排列法.

【例題 12】由 1，2，3，4 這四個數字所組成的三位數有多少個？數字可以重複.

【解】百位數可由 1，2，3，4 這四個數字選取，有 4 種方法；十位數也可由 1，2，3，4 這四個數字選取，有 4 種方法；個位數也可由 1，2，3，4 這四個數字選取，有 4 種方法. 所以，共有 4×4×4＝64 個三位數. ∎

【例題 13】有 5 種不同的酒及 3 個不同的酒杯，每杯都要倒酒，但只准倒入一種酒，共有多少種倒法？

【解】第一個酒杯可從 5 種酒中選一種來倒入，有 5 種方法；同理，第二、第三個酒杯也各有 5 種倒法. 所以，共有 5×5×5＝125 種倒法. ∎

隨堂練習 6　將 15 個不同的球放入 4 個箱內，但每箱均可容納 15 個球，求其放法有幾種？

答案：4^{15} 種.

隨堂練習 7　隨堂練習 6，將 15 個不同的球放入 4 個箱內，其放法若寫成 15×15×15×15＝15^4 (種)，此一結果為何不對？

答案：略 (球不可重複，但箱內可重複放球).

四、環狀排列

將 n 個不同物件，沿著一個圓周而排列，這樣的排列稱為 環狀排列. 這種排列僅考慮此 n 個物件的相關位置，而不在乎各物件所在的實際位置；換句話說，如果將所排成的某一環形任意轉動，則所得到的結果仍然視為同一種環狀排列. 例如，甲、乙、丙、丁 4 個人圍著一圓桌而坐，共有幾種不同的坐法？首先將環形看成線形，則 4 個人的直線排列 (不重複) 有 $P_4^4 = 4!$ 種，但是，像 (甲，乙，丙，丁) 這種排列在環形中依順時鐘方向每次各移動一位，均視為相同，如圖 12-9 所示.

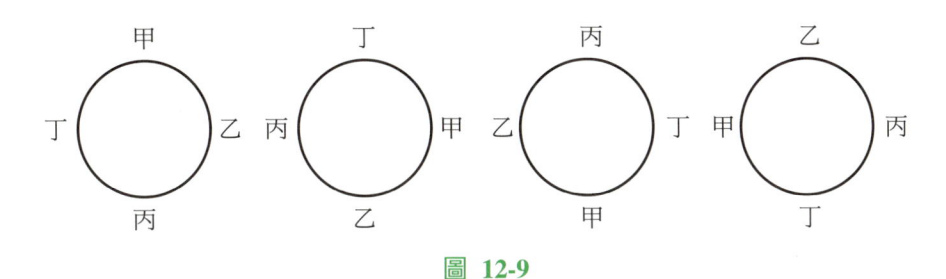

圖 12-9

也就是說，(甲，乙，丙，丁)、(丁，甲，乙，丙)、(丙，丁，甲，乙)、(乙，丙，丁，甲) 4 種排列如果首尾連接形成環狀排列，則視為相同排列，因而每 4 種直線排列作成同一種環狀排列，故環狀排列的總數為

$$\frac{4!}{4} = 3! = 6 \text{ (種)}.$$

由上面的例子可知，對於一般的情形，我們有下面的結果：n 個不同物件的環狀排列總數為

$$\frac{P_n^n}{n} = \frac{n!}{n} = (n-1)! \, . \tag{12-3-5}$$

【例題 14】 6 個人手拉手圍成一個圓圈，共有多少種不同的排法？

【解】 由公式知

$$\frac{6!}{6} = 5! = 120 \text{ (種)}.$$

【例題 15】 從 7 個人中選出 5 個人圍著圓桌而坐，共有多少種不同的坐法？

【解】 從 7 個人選出 5 個人的直線排列數為 P_5^7。每次選定 5 個人作環狀排列時，每一種環狀排列對應了 5 種直線排列，故坐法共有

$$\frac{P_5^7}{5} = \frac{7 \times 6 \times 5 \times 4 \times 3}{5} = 504 \text{ (種)}.$$

一般而言，我們可將例題 15 的結果推廣如下：

> 從 n 個不同物件中任取 m 個（$m \le n$ 且不重複）作環狀排列，則其排列總數為
>
> $$\frac{P_m^n}{m} = \frac{1}{m} \cdot \frac{n!}{(n-m)!}.$$
>
> (12-3-6)

【例題 16】 夫婦 2 人及子女 5 人圍著圓桌而坐，但夫婦 2 人必須相鄰而坐，共有多少種不同的坐法？

【解】 因限定夫婦 2 人須相鄰，宛如一人，連同子女 5 人可視為共有 6 人圍著圓桌而坐，可得排列數為 5!，但夫婦 2 人可易位而坐，故總共坐法有

$$5! \times 2! = 240 \text{ (種)}.$$

隨堂練習 8 16 顆不同的珠子串成一項鍊，可串成多少種不同的項鍊？

答案：$\dfrac{15!}{2}$ 種.

隨堂練習 9 4 男 4 女圍著圓桌而坐，若同性不相鄰，則共有幾種坐法？

答案：144 種.

習題 12-3

1. 從 5 位同學中任選 3 人排成一列拍照留念，共有多少種排法？
2. 將 3 封不同的信件投入 5 個郵筒，任兩封不在同一個郵筒，共有多少種投法？
3. 15 本不同的書，10 人去借，每人借 1 本，共有多少種借法？
4. 10 本不同的書，15 人去借，每人至多借 1 本，每次都將書借完，共有多少種借

法？

5. 今有 6 種工作分配給 6 人擔任，每個人只擔任一種工作，但某甲不能擔任其中的某兩種工作，共有幾種分配法？

6. 將不同的鉛筆 10 枝，不同的原子筆 8 枝，不同的鋼筆 10 枝，分給 5人，每人只能分得鉛筆、原子筆、鋼筆各 1 枝，共有幾種分法？

7. 7 人站成一排照像，求

   (1) 某甲必須站在中間，共有多少種站法？

   (2) 某甲、乙兩人必須站在兩端，共有多少種站法？

   (3) 某甲既不能站在中間，也不能站在兩端，共有多少種站法？

8. 將 "SCHOOL" 的各字母排成一列，求下列各排列數．

   (1) 全部任意排列　　　(2) 兩個 "O" 不相鄰

9. 將 2 本相同的書及 3 枝相同的筆分給 7 人，每人至多 1 件，共有多少種分法？

10. 把 "庭院深深深幾許" 七個字重行排列，使三個 "深" 字，不完全連在一起，其排法共有幾種？

11. 用七個數字 0，1，1，1，2，2，3 作七位整數，共可作幾個？

12. 將 5 封信投入 4 個不同的郵筒，共有多少種投法？

13. 5 個人猜拳，每人可出 "剪刀"、"石頭"、"布" 之中的任一種，則共有幾種情形？

14. 有 5 類水果，香蕉、梨子、橘子、蘋果、芒果 (每類均有 6 個以上)．今有小朋友 6 位，每人任取一種水果，則取法有若干種？

15. 有 3 種不同的酒及 7 個不同酒杯，每杯倒入一種酒，其方法有幾種？

16. 5 男、5 女圍一圓桌而坐，依下列各種情形，求排列數．

    (1) 5 男全部相鄰　　　(2) 同性不相鄰

17. 5 對夫婦圍著一圓桌而坐，求下列各種坐法．

    (1) 任意圍坐　　　　　(2) 每對夫婦相鄰

    (3) 男女相隔　　　　　(4) 男女相隔且夫婦相鄰

18. 求下列正整數 n 的值．

    (1) $5P_n^9 = 6P_{n-1}^{10}$　　　(2) $P_3^{2n} = 10P_2^{n+1}$

    (3) $2P_3^n = 3P_2^{n+1} + 6P_1^n$　　　(4) $P_3^n : P_3^{n+2} = 5 : 12$

19. 用 0，1，2，3，4，5 六個數字排成五位數.
    (1) 數字不可重複，有多少個不同的五位數？
    (2) 數字不可重複，有多少個不同的奇五位數？
    (3) 數字不可重複，有多少個不同的偶五位數？
    (4) 數字不可重複，首位是奇數的偶五位數有多少個？

20. 如下圖，自 A 取捷徑走到 B，問：
    (1) 共有多少種走法？
    (2) 若必須經過 P 點，則其走法共有多少種？

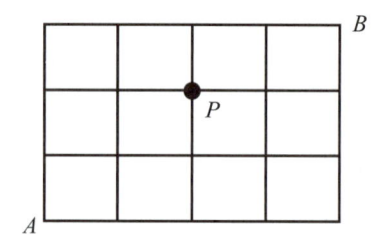

12-4 組　合

一、不重複組合

從 n 個不同物件中，每次不重複地任取 m ($\leq n$) 個不同物件為一組，同一組內的物件若不計其前後順序，就稱為 n 中取 m 的**不重複組合**，其中每一組稱為一種組合，所有組合的總數稱為**組合數**，以符號 C_m^n 或 $\binom{n}{m}$ 表示. 例如，今有 1，2，3，4，5 五個數字，每次選取三個數字（不重複）作為一組，則 5 個數中取 3 個數的排列數為 $P_3^5 = 60$. 在每一種排列中，像 {1, 2, 3} 這一組，若按其前後次序排列，則有 {1, 2, 3}，{1, 3, 2}，{2, 1, 3}，{2, 3, 1}，{3, 1, 2}，{3, 2, 1} 等六種. 但是，對這六種組合而言，應視為同一組，所以這六種只能算一種，因而所得的組合數為

$$C_3^5 = \frac{P_3^5}{6} = \frac{P_3^5}{3!} = 10$$

它們是：{1, 2, 3}，{1, 2, 4}，{1, 2, 5}，{1, 3, 4}，{1, 3, 5}，{1, 4, 5}，{2, 3, 4}，{2, 3, 5}，{2, 4, 5}，{3, 4, 5}.

由上面所述的例子可知，n 中取 m 的排列總數 P_m^n，可以分解成下面兩個步驟來求.

1. 先自 n 中選取 m 個出來 (此即組合數 C_m^n).

2. 然後將取出的 m 個物件任意去排列 (總數為 $m!$).

根據乘法原理，

$$C_m^n \times m! = P_m^n$$

因此，我們得到組合數公式如下：從 n 個不同物件中，每次不重複地取 m 個為一組，則其組合數為

$$C_m^n = \frac{P_m^n}{m!} = \frac{n!}{m!(n-m)!} \qquad (m \leq n). \tag{12-4-1}$$

定理 12-1

$$C_m^n = C_{n-m}^n, \quad 0 \leq m \leq n.$$

證：$C_m^n = \dfrac{n!}{m!(n-m)!} = \dfrac{n!}{[n-(n-m)]!(n-m)!} = C_{n-m}^n$

定理 12-1 告訴我們，從 n 個不同物件中不重複的任意選取 m 個後，則必留下 $n-m$ 個，每次取 m 個的組合數 C_m^n 與每次取 $n-m$ 個的組合數 C_{n-m}^n 相等.

註：當 $m > \dfrac{n}{2}$ 時，通常不直接計算 C_m^n，而是改為計算 C_{n-m}^n，這樣比較簡便.

【例題 1】 某乒乓球校隊共有 8 人，今自該隊遴選 5 人充任國手.
(1) 共有多少種選法？
(2) 若某兩人為當然國手，則有多少種選法？

【解】 (1) $C_5^8 = C_3^8 = \dfrac{8 \times 7 \times 6}{3 \times 2 \times 1} = 56$ (種).

(2) 因某兩人為當然國手，故只須從剩下的 6 人中任選 3 人即可. 所以共有

$$C_3^6 = \frac{6 \times 5 \times 4}{3 \times 2 \times 1} = 20 \text{ (種)}.$$

【例題 2】 平面上有 5 個點，其中任何三點不共線，以這些點為頂點，一共可畫出多少個三角形？又可決定幾條直線？

【解】 在平面上，不共線的三點可以決定一三角形，所以共有

$$C_3^5 = \frac{5!}{3!\,2!} = \frac{5 \times 4 \times 3!}{3!\,2!} = 10 \text{ 個三角形}$$

因任意兩點可決定一條直線，故共有

$$C_2^5 = \frac{5!}{2!\,3!} = \frac{5 \times 4 \times 3!}{2!\,3!} = 10 \text{ 條直線}.$$

定理 12-2　巴斯卡定理

$$C_m^n = C_m^{n-1} + C_{m-1}^{n-1}, \quad 1 \leq m \leq n-1.$$

證：$C_m^{n-1} + C_{m-1}^{n-1} = \dfrac{(n-1)!}{m!\,(n-m-1)!} + \dfrac{(n-1)!}{(m-1)!\,(n-m)!}$

$$= (n-1)! \times \frac{(m-1)!\,(n-m)! + m!\,(n-m-1)!}{m!\,(n-m-1)!\,(m-1)!\,(n-m)!}$$

$$= (n-1)! \times \frac{(m-1)!\,(n-m-1)!\,[(n-m)+m]}{m!\,(n-m-1)!\,(m-1)!\,(n-m)!}$$

$$= \frac{(n-1)! \times n}{m!\,(n-m)!} = \frac{n!}{m!\,(n-m)!}$$

$$= C_m^n.$$

定理 12-2 告訴我們，從 n 個不同物件中不重複的任取 m 個，其組合數 C_m^n 可以視成下列兩種情況的總和：

1. 恰含某一固定事物的組合數 C_{m-1}^{n-1}
2. 不含某一固定事物的組合數 C_m^{n-1}.

【例題 3】 計算 C^{200}_{198} 及 $C^{99}_3+C^{99}_2$.

【解】 $$C^{200}_{198}=C^{200}_2=\frac{200\times199}{2\times1}=19900$$

$$C^{99}_3+C^{99}_2=C^{100}_3=\frac{100\times99\times98}{3\times2\times1}=161700.$$ ∎

隨堂練習 10 由 6 位男教師、5 位女教師中選出一個 5 人口試委員會，規定其中男女教師至少各有兩人，共有多少種選法？

答案：350 種.

隨堂練習 11 自 5 冊不同的英文書與 4 冊不同的數學書中，取 2 冊英文書與 3 冊數學書排放在書架上，共有多少種排法？

答案：4800 種.

二、重複組合

由 n 件不同的事物中，每次選取 m 件為一組，同一組的事物不計其先後順序，於各組中，每件事物可以重複選取 2 次、3 次、…、或 m 次，則這種組合叫做重複組合，其組合總數常以符號 H^n_m 表示，其值如何呢？首先我們看下面的問題：

今有 5 顆相同的彈珠，分給甲、乙、丙三位小朋友（每人不一定要分得），問其可能的分法有幾種？

此問題中的"相同"若換成"不同"，則只要利用乘法原理就可迎刃而解；但是，如今是"相同"的彈珠，問題就不單純了. 其方法如下：

我們用 $3-1=2$ 塊隔板 b、b，將 5 顆彈珠隔成 3 堆，左堆給甲，中間堆給乙，右堆給丙，如：

$$\text{o b o b o o o} \leftrightarrow (甲, 乙, 丙) = (1, 1, 3)$$
$$\text{o o b b o o o} \leftrightarrow (甲, 乙, 丙) = (2, 0, 3)$$
$$\text{b o o o o o b} \leftrightarrow (甲, 乙, 丙) = (0, 5, 0)$$
$$\text{o o o b o o b} \leftrightarrow (甲, 乙, 丙) = (3, 2, 0)$$
$$\cdots\cdots\cdots\cdots\cdots\cdots\cdots\cdots\cdots\cdots\cdots\cdots$$

我們可得"5 顆彈珠與 2 塊隔板"形成不完全相異物的直線排列，共有 $\dfrac{(5+2)!}{5!\,2!}$ 種，即，全部的分法有 $\dfrac{(5+2)!}{5!\,2!}$ 種．

這一個問題可以轉換成數學模式：方程式 $x+y+z=5$ 的非負整數解 (x, y, z) 有多少組？例如，甲、乙、丙分得的彈珠數：$(1, 1, 3), (2, 0, 3), (0, 5, 0), (3, 2, 0)$，…都是它的解．換句話說，上面問題中不妨設甲、乙、丙分別得到 x 個、y 個、z 個，則 x, y, z 必須滿足：

1. x, y, z 均是非負的整數
2. $x+y+z=5$

反之，滿足 1. 與 2. 的任一組解 (x, y, z) 也正好對應上述問題的一種彈珠分法．

現在，我們將上面的結果推廣如下：

方程式 $x_1+x_2+\cdots+x_n=m$ 的非負整數解 $(x_1, x_2, \cdots, x_n)$ 的組數"等於"m 個相同的彈珠任意分給 n 個人 (每人不一定要分得) 的分法數：

$$\dfrac{[m+(n-1)]!}{m!\,(n-1)!}=C_m^{n+m-1}$$

類似上面的討論，可得到一般情況：由 n 件不同的事物中，每次選取 m 件為一組之 **重複組合**，其組合總數為

$$H_m^n=C_m^{n+m-1} \quad (m, n \in \mathbb{N},\ m\ 之值可大於\ n). \tag{12-4-2}$$

【例題 4】試求下列各值：

(1) H_3^5 (2) H_5^5 (3) H_8^5 (4) H_2^4

【解】(1) $H_3^5=C_3^{5+3-1}=C_3^7=\dfrac{7\cdot 6\cdot 5}{3\cdot 2\cdot 1}=35$

(2) $H_5^5=C_5^{5+5-1}=C_5^9=C_4^9=\dfrac{9\cdot 8\cdot 7\cdot 6}{4\cdot 3\cdot 2\cdot 1}=126$

(3) $H_8^5=C_8^{5+8-1}=C_8^{12}=C_4^{12}=\dfrac{12\cdot 11\cdot 10\cdot 9}{4\cdot 3\cdot 2\cdot 1}=495$

(4) $H_2^4 = C_2^{4+2-1} = C_2^5 = \dfrac{5 \cdot 4}{2 \cdot 1} = 10.$ ■

【例題 5】 化下列各組合式為重複組合數 H_m^n 之形式：

(1) C_3^5　　(2) C_7^9　　(3) C_4^8　　(4) C_6^6

【解】 ∵ $C_m^n = H_m^{n-m+1}$

(1) $C_3^5 = H_3^{5-3+1} = H_3^3$

(2) $C_7^9 = H_7^{9-7+1} = H_7^3$

(3) $C_4^8 = H_4^{8-4+1} = H_4^5$

(4) $C_6^6 = H_6^{6-6+1} = H_6^1.$ ■

【例題 6】 5 枚完全相同的硬幣，贈與 4 人，每人均可兼而得之，亦可得不到硬幣，共有幾種不同的贈法？

【解】 由於 5 枚硬幣完全相同，故此種贈法不計順序，這是組合問題，又對每種贈法而言，每個人可重複得到硬幣 2 枚、3 枚、4 枚或 5 枚，因此這是重複組合問題，換句話說，本題是由 4 個不同的事物 (4 個人) 中，任意選取 5 件的重複組合，故有

$$H_5^4 = C_5^{4+5-1} = C_5^8 = C_3^8 = \dfrac{8 \times 7 \times 6}{1 \times 2 \times 3} = 56 \text{ (種贈法)}.$$ ■

【例題 7】 將 20 本相同的新書贈送給甲、乙、丙三個圖書館，求下列的分配法有多少種？

(1) 每個圖書館至少 2 本.

(2) 甲至少 3 本，乙至少 2 本，丙至少 4 本.

(3) 任意分配.

【解】 (1) 每個圖書館先各分 2 本，剩下 14 本，可任意分配給甲、乙、丙，共有

$$H_{14}^3 = C_{14}^{16} = C_2^{16} = \dfrac{16!}{2!\,14!} = \dfrac{16 \times 15}{2!} = 120 \text{ (種)}.$$

(2) 先給甲 3 本、乙 2 本、丙 4 本，剩下 11 本再任意分給甲、乙、丙，

共有
$$H_{11}^3 = C_{11}^{13} = 78 \text{ (種)}.$$

(3) 共有
$$H_{20}^3 = C_{20}^{22} = 231 \text{ (種)}.$$

隨堂練習 12 將 10 個相同的球放進 3 個不同的箱子中，每箱球數不限，共有多少種放法？

答案：66 種放法．

隨堂練習 13 方程式 $x_1+x_2+x_3+x_4+x_5=14$ 共有多少組非負整數解？

答案：3060 組．

【例題 8】 將 10 個相同的球放入 3 個不同的箱子中，若每個箱子至少放一個，則共有多少種放法？

【解】 每個箱子先各放一個球，剩下 $10-3=7$ 個球再任意放入 3 個箱子中，每箱不限個數，也可不放，故有
$$H_7^3 = C_7^9 = C_2^9 = 36$$
種放法．

【例題 9】 由 a、b、c 三個變數所成之 5 次齊次多項式共有幾項？

【解】 由 a、b、c 三個變數所成之 5 次齊次多項式，即多項式之每項均為 5 次式，例如：

a^5，b^5，c^5，a^3b^2，abc^3，a^2b^2c，…

即

□	□	□	□	□
↓	↓	↓	↓	↓
a	a	a	a	a
b	b	b	b	b
c	c	c	c	c
3 種	3 種	3 種	3 種	3 種

每個空格均可填入 a、b、c 三種，故為可重複者，又如 $aabbc$ 與 $abacb$

均表 a^2b^2c，故與順序無關是為組合．故共有

$$H_5^3 = C_5^{3+5-1} = C_5^7 = \frac{7 \cdot 6 \cdot 5!}{5! \cdot 2!} = 21 \text{ (項)}.$$

【例題 10】 試證：$\sum_{k=0}^{n} C_k^{m+k} = C_r^{m+r+1}$ $(m \geq 1,\ r \geq 1)$.

【解】
$$\sum_{k=0}^{n} C_k^{m+k} = C_0^m + C_1^{m+1} + C_2^{m+2} + C_3^{m+3} + \cdots + C_r^{m+r}$$
$$= (C_0^{m+1} + C_1^{m+1}) + C_2^{m+2} + C_3^{m+3} + \cdots + C_r^{m+r}$$
$$(\because C_0^m = C_0^{m+1} = 1)$$
$$= (C_1^{m+2} + C_2^{m+2}) + C_3^{m+3} + \cdots + C_r^{m+r}$$
$$= (C_2^{m+3} + C_3^{m+3}) + \cdots + C_r^{m+r}$$
$$= C_3^{m+4} + \cdots + C_r^{m+r}$$
$$= \cdots$$
$$= C_{r-1}^{m+r} + C_r^{m+r}$$
$$= C_r^{m+r+1}.$$

【例題 11】 (1) 試證：① $H_m^n = H_m^{n-1} + H_{m-1}^n$

② $1 + H_1^n + H_2^n + \cdots + H_m^n = H_m^{n+1}$ $(m,\ n \in \mathbb{N})$

(2) 投擲三個不同骰子，試求點數和不超過 6 的出現種類有多少種？

【解】 (1) ① 右式 $= H_m^{n-1} + H_{m-1}^n = C_m^{n-1+m-1} + C_{m-1}^{n+m-1-1}$
$$= C_m^{n+m-2} + C_{m-1}^{n+m-2} = C_m^{n+m-1} = H_m^n$$
$$= 左式.$$

② 左式 $= 1 + H_1^n + H_2^n + H_3^n + \cdots + H_m^n$
$$= (C_0^n + C_1^n) + C_2^{n+1} + C_3^{n+2} + \cdots + C_m^{n+m-1}$$
$$= (C_1^{n+1} + C_2^{n+1}) + C_3^{n+2} + \cdots + C_m^{n+m-1}$$
$$= (C_2^{n+2} + C_3^{n+2}) + \cdots + C_m^{n+m-1}$$
$$= C_3^{n+3} + \cdots + C_m^{n+m-1}$$
$$= \cdots$$
$$= C_{m-1}^{n+m-1} + C_m^{n+m-1} = C_m^{n+m} = H_m^{n+1}$$
$$= 右式.$$

(2) 設甲、乙、丙三骰子所出現點數分別為 x、y、z. 則 $x+y+z \leq 6$，且 $1 \leq x, y, z \leq 6, x, y, z \in \mathbb{N}$.

故共有四種情形：

① $x+y+z=3$　　② $x+y+z=4$

③ $x+y+z=5$　　④ $x+y+z=6$

其解共有

$$H_{3-3}^3 + H_{4-3}^3 + H_{5-3}^3 + H_{6-3}^3 = H_0^3 + H_1^3 + H_2^3 + H_3^3$$
$$= C_0^2 + C_1^3 + C_2^4 + C_3^5$$
$$= 20.$$

隨堂練習 14　$(3a-b+2c)^5$ 之展開式中共有若干相異的項 (不同類項)？

答案：21 種不同的項.

習題 12-4

1. 求下列各式中正整數 n 的值.

    (1) $12C_4^{n+2} = 7C_3^{n+4}$　　(2) $C_3^n = P_2^n$　　(3) $C_n^{10} = C_{3n-2}^{10}$

2. 已知 $C_r^n = C_{2r}^n$，$3C_{r+1}^n = 11C_{r-1}^n$，求正整數 n 及 r 的值.

3. 男生 7 名，女生 6 名，從中選 4 名委員，依下列條件有幾種選法？

    (1) 男生 2 名，女生 2 名　　(2) 女生最少 1 名

4. 正立方體的八個頂點共可決定：

    (1) 多少條直線？　　(2) 多少個三角形？　　(3) 多少個平面？

5. 將 8 本不同的書分給甲、乙、丙三人，甲得 4 本，乙得 2 本，丙得 2 本，共有若干種分法？

6. 設書架上有 12 本不同的中文書，5 本不同的英文書。若想從書架上選取 6 本書，其中 3 本為中文書，3 本為英文書，共有多少種選法？

7. 自 10 男，8 女中，男、女各 4 人，配成一男一女四對拍擋，則配對法共若干種？

8. 從 1 到 20 的自然數中選出相異三數，依下列各條件求其組合數：

(1) 和為奇數　(2) 積為偶數　(3) 恰有一數為 5 的倍數.

9. 如下圖所示，共有多少個矩形？

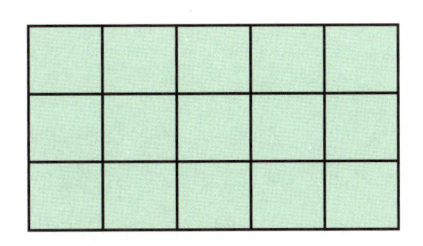

10. 在產品檢驗時，常從產品中抽出一部分進行檢查. 今從 100 件產品中任意抽出 3 件.

   (1) 共有多少種不同的抽法？
   (2) 若 100 件產品中有 2 件不良品，則抽出的 3 件中恰有 1 件是不良品的抽法有多少種？
   (3) 若 100 件產品中有 2 件不良品，則抽出的 3 件中至少有 1 件是不良品的抽法有多少種？

11. 設有甲、乙、丙…等 9 人分發到基隆、台南、台東三處工作，依下列各情形求其分發之方法數：

   (1) 依 3 人，3 人，3 人分配 (每地人數可依此數互相交換).
   (2) 依 4 人，3 人，2 人分配 (每地人數可依此數互相交換).
   (3) 限定基隆 4 人，台南 3 人，台東 2 人.
   (4) 依 4 人，4 人，1 人分配 (每地人數可依此數互相交換).

12. 將 12 本不同之書分給甲、乙、丙三人，依下列分法各有幾種分法？

   (1) 依 4 本，4 本，4 本分配.
   (2) 依 5 本，5 本，2 本分配.
   (3) 依 3 本，4 本，5 本分配.
   (4) 依甲 5 本，乙 5 本，丙 2 本分配.
   (5) 依甲 3 本，乙 4 本，丙 5 本分配.

13. 試求下列各值：(1) H_3^5　(2) H_5^5　(3) H_8^5.

14. 化下列各組合式為重複組合數 H_m^n 之形式：

   (1) C_3^5　(2) C_4^8　(3) C_6^6.

15. 三粒完全相同的骰子擲一次，共有多少種結果？

16. 設選舉人有 10 位，而有 3 人候選，若採用：

    (1) 記名投票．

    (2) 無記名投票．

    則選票各有多少種不同的結果？

17. 某水果攤賣有梨子、蘋果、木瓜、鳳梨四種水果，每一種至少有 10 個，王先生購買 10 個裝成一籃，則此籃各種水果個數的分配方法共有多少種？

18. 方程式 $x_1+x_2+x_3+x_4=10$ 有多少組非負整數解？有多少組正整數解？

19. $(x+y+z)^4$ 之展開式中有若干相異之項 (不同類項)？又 x^2yz 項之係數為何？

20. (1) 8 種相同物全部發給甲、乙、丙三人，每人可兼得或不得，則給法共有幾種？

    (2) 8 種不相同物全部發給甲、乙、丙三人，每人可兼得或不得，則給法共有幾種？

21. 將 6 本不同的書分給 3 人，每人至少得 1 本，共有多少種分法？

12-5　二項式定理

我們已經知道

$$(a+b)^0=1$$
$$(a+b)^1=a+b$$
$$(a+b)^2=a^2+2ab+b^2$$
$$(a+b)^3=a^3+3a^2b+3ab^2+b^3$$

現在，我們再來研究 $(a+b)^4$ 的展開式的各項，即

$$(a+b)^4=(a+b)(a+b)(a+b)(a+b)$$

的展開式的各項．上式右邊的積之展開式的每一項，是從 4 個括號中的每一個括號裡面任取一個字母的乘積，因而各項中 a、b 的次數和為 4，即，展開式應有下面形式的各項：

$$a^4,\ a^3b,\ a^2b^2,\ ab^3,\ b^4$$

運用組合的知識，就可以得出展開式各項的係數的規則：

1. 在上面 4 個括號中，都不取 b，共有一種，即 C_0^4 種，所以 b^4 的係數是 C_0^4.
2. 在 4 個括號中，恰有 1 個取 b，共有 C_1^4 種，所以 a^3b 的係數是 C_1^4.
3. 在 4 個括號中，恰有 2 個取 b，共有 C_2^4 種，所以 a^2b^2 的係數是 C_2^4.
4. 在 4 個括號中，恰有 3 個取 b，共有 C_3^4 種，所以 ab^3 的係數是 C_3^4.
5. 在 4 個括號中，4 個都取 b，共有 C_4^4 種，所以 b^4 的係數是 C_4^4.

因此，
$$(a+b)^4 = C_0^4 a^4 + C_1^4 a^3 b + C_2^4 a^2 b^2 + C_3^4 ab^3 + C_4^4 b^4$$

依此，我們有下面的公式，稱為**二項式定理**，它告訴我們如何求 $(a+b)^n$ $(n \in \mathbb{N})$ 之展開式中各項的係數.

定理 12-3　二項式定理

> 對於任意 $n \in \mathbb{N}$，
> $$(a+b)^n = C_0^n a^n + C_1^n a^{n-1} b + C_2^n a^{n-2} b^2 + \cdots + C_r^n a^{n-r} b^r$$
> $$+ \cdots + C_{n-1}^n ab^{n-1} + C_n^n b^n = \sum_{r=0}^{n} C_r^n a^{n-r} b^r.$$

由上述之定理，得到下列的推論：

> 1. $(a+b)^n$ 之展開式共有 $n+1$ 項，其第 $r+1$ 項為 $C_r^n a^{n-r} \cdot b^r$.
> 2. $(pa+qb)^n$ 之展開式，其第 $r+1$ 項為
> $$C_r^n (pa)^{n-r} (qb)^r = p^{n-r} \cdot q^r \cdot C_r^n a^{n-r} b^r.$$

【例題 1】　展開 (1) $(x+2)^5$，(2) $(2x+y)^4$.

【解】　　(1) $(x+2)^5 = C_0^5 x^5 + C_1^5 x^4 \cdot 2^1 + C_2^5 x^3 \cdot 2^2 + C_3^5 x^2 \cdot 2^3 + C_4^5 x \cdot 2^4 + C_5^5 2^5$
　　　　　　　　$= x^5 + 10x^4 + 40x^3 + 80x^2 + 80x + 32.$

(2) $(2x+y)^4 = \sum_{r=0}^{4} C_r^4 (2x)^{4-r} y^r$

$= C_0^4 (2x)^4 + C_1^4 (2x)^3 y + C_2^4 (2x)^2 y^2 + C_3^4 (2x) y^3 + C_4^4 y^4$

$= (2x)^4 + 4(2x)^3 y + 6(2x)^2 y^2 + 4(2x) y^3 + y^4$

$= 16x^4 + 32x^3 y + 24x^2 y^2 + 8xy^3 + y^4.$ ∎

隨堂練習 15 展開 $(x+2y)^5$.

答案：$x^5 + 10x^4 y + 40x^3 y^2 + 80x^2 y^3 + 80xy^4 + 32y^5.$

【例題 2】 求 $(x+2y^2)^5$ 展開式中之 $x^3 y^4$ 項的係數.

【解】 設 $(x+2y^2)^5$ 展開式之第 $r+1$ 項為

$$C_r^5 \cdot x^{5-r} (2y^2)^r = 2^r \cdot C_r^5 \cdot x^{5-r} y^{2r}$$

故 $\begin{cases} 5-r=3 \\ 2r=4 \end{cases} \Rightarrow r=2$

其係數為 $2^2 \cdot C_2^5 = 4 \cdot \dfrac{5 \times 4}{2 \times 1} = 40.$ ∎

隨堂練習 16 求 $\left(2x + \dfrac{1}{3x}\right)^6$ 展開式中之常數項.

答案：$\dfrac{160}{27}.$

【例題 3】 若 $\left(ax^3 + \dfrac{2}{x^2}\right)^4$ 之展開式中 x^2 項之係數為 6，求 a 值.

【解】 設第 $r+1$ 項為 $C_r^4 (ax^3)^{4-r} \left(\dfrac{2}{x^2}\right)^r$

$$C_r^4 (ax^3)^{4-r} \left(\dfrac{2}{x^2}\right)^r = a^{4-r} \cdot 2^r \cdot C_r^4 \cdot x^{12-5r}$$

故 $\begin{cases} 12-5r=2 \quad \cdots\cdots ① \\ a^{4-r} \cdot 2^r \cdot C_r^4 = 6 \quad \cdots\cdots ② \end{cases}$

由 ① 得 $r=2$ 代入 ② 式中得

$$a^2 \cdot 2^2 \cdot C_r^4 = 6, \quad a^2 = \frac{1}{4},$$

故 $a = \pm \frac{1}{2}$. ▪

【例題 4】 設 $(1+x)^n$ 之展開式中第 5、第 6、第 7 三項的係數成等差數列，求 n 值.

【解】 第 5、第 6、第 7 項之係數分別為 C_4^n, C_5^n, C_6^n.

故 $2C_5^n = C_4^n + C_6^n$

$$\Rightarrow 2 \frac{n!}{(n-5)! \cdot 5!} = \frac{n!}{(n-4)! \cdot 4!} + \frac{n!}{(n-6)! \cdot 6!}$$

$$\Rightarrow \frac{2}{5(n-5)} = \frac{1}{(n-4)(n-5)} + \frac{1}{6 \cdot 5}$$

$$\Rightarrow 12(n-4) = 30 + (n-4)(n-5)$$

$$\Rightarrow n=7 \text{ 或 } n=14. \quad ▪$$

習題 12-5

求下列各式的展開式.

1. $(2x-3y)^4$
2. $\left(3x^2 + \frac{1}{x}\right)^5$
3. $(2x+3y)^4$

求下列各指定項的係數.

4. $\left(2x - \frac{1}{3x}\right)^8$ 中的 x^2 項係數.

5. $\left(x - \frac{1}{3x^2}\right)^{18}$ 中的 x^6 項係數.

6. 試利用二項式定理證明恆等式.

$$C_0^n + C_1^n + C_2^n + C_3^n + \cdots + C_n^n = 2^n$$

13 機率與統計

本章學習目標

13-1　隨機實驗、樣本空間與事件

13-2　機率的定義與基本定理

13-3　條件機率

13-4　數學期望值

13-5　資料整理與圖表製作

13-6　集中量數

13-7　離差量數

13-1　隨機實驗、樣本空間與事件

　　人們常用數學方法來描述一些現象，對於若干問題可以依據已知的條件，列出方程式而求得問題的確實答案．但是有一些現象卻無法以一個適當的等式來說明這現象的因果關係，亦無從得知問題的結果會是什麼．例如，擲一枚結構均勻對稱的硬幣，儘管每次擲出的手法相同，卻會得到有時正面朝上、有時反面朝上的不同結果，顯然沒有一個合適的等式可以說明它的因果關係．因此擲一枚硬幣，到底會是哪面朝上就無法預先求得確定的結果．同樣地，對於一些物理現象、社會現象或商業現象，我們所能探討的是某種結果發生的可能性大小．擲一枚硬幣出現正面的可能性有多大？某公司股票明天的行情可能會漲、會跌、持平而不漲不跌，究竟這股票明天會漲的可能性是多少？對於這些現象有系統的研究，就是所謂的機率論．

定義 13-1　隨機試驗

> 觀察一可產生各種可能結果或出象的過程，稱為試驗；而若各種可能結果的出象（或發生）具有不確定性，則此一過程便稱為隨機試驗．

【例題1】擲一硬幣兩次，其結果如何？

【解】　　硬幣擲出不外乎正面與反面，其結果為：
　　　　　第一次：正面　正面　反面　反面
　　　　　第二次：正面　反面　正面　反面　　　　　　　　　　■

【例題2】有二袋分別裝黃、紅球，第一袋有 2 黃球 1 紅球，第二袋有 1 黃球 2 紅球，今由二袋任意選取一袋，依次取出一球，共兩次，其結果怎樣？

【解】　　由題意得知，在這種實驗中，假設任意選取一袋是第一袋，而後每次取出一球，共兩次，先是黃球，後也是黃球；或先是黃球，後是紅球；或先是紅球，後是黃球；就有三種不同的結果．如果任意選取一袋是第二袋，而後每次取出一球，共兩次，先是黃球，後是紅球；或先是紅球，後是黃球；或先是紅球，後也是紅球；又有三種不同的結果．這種任意由一袋中，每次取出一球，共兩次，其結果可能是上述六種情形中的一種，這就是隨機實驗．其結果雖然不能確定，但可以推定這實驗的可能結果，今將可能的結果列表如下：

	1	2	3	4	5	6
袋	I	I	I	II	II	II
第一球	黃	黃	紅	黃	紅	紅
第二球	黃	紅	黃	紅	黃	紅

有時，常將這種隨機實驗所經歷的過程，以樹形圖表示出，就很方便地看出其可能的結果．如圖 13-1．

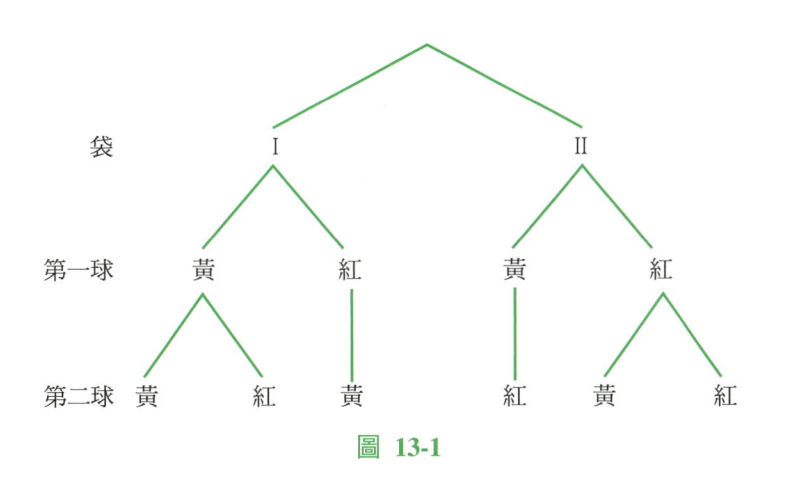

圖 13-1

定義 13-2

一隨機試驗之各種可能結果的集合，稱為此實驗的樣本空間，通常以 S 表示之．樣本空間內的每一元素，亦即每一個可能出現的結果，稱為樣本點．

定義 13-3　有限樣本空間與無限樣本空間

僅含有限個樣本點的樣本空間，稱為有限樣本空間；含有無限多個樣本點的樣本空間，稱為無限樣本空間．

【例題 3】 調查某班級近視人數（設有 50 名學生），則其樣本空間為 $S=\{0, 1, 2, 3, \cdots, 50\}$，此一樣本空間為有限樣本空間. ∎

【例題 4】 觀察某一燈管之使用壽命，其樣本空間為 $S=\{t \mid t>0\}$，t 表壽命時間，此一樣本空間為無限樣本空間. ∎

定義 13-4　事　件

> 事件是樣本空間的子集；只有一個樣本點的事件稱為基本事件或簡單事件；而含有兩個以上的樣本點之事件，稱為複合事件.

依據上面的定義，空集合（ϕ）與樣本空間本身（S）乃是二個特殊的子集，故亦為事件，但對此二事件有其特別的涵義. 空集合所代表的事件，因它不含任何樣本點，故一般稱為不可能事件；而事件 S 包含了樣本空間內的所有樣本點，必然會發生，故一般稱為必然事件.

【例題 5】 擲一骰子，觀察其出現在上方的點數結果，則此隨機實驗的樣本空間為
$S=\{1, 2, 3, 4, 5, 6\}$，而子集
$E_1=\{1, 3, 5\}$ 表出現奇數點的事件.
$E_2=\{2, 4, 6\}$ 表出現偶數點的事件.
$E_3=\{1, 2, 3, 4\}$ 表出現的點數不超過 5 的事件.
$E_4=\{5, 6\}$ 表出現的點數至少為 5 的事件. ∎

【例題 6】 投擲三枚硬幣，求其樣本空間及出現二正面的事件.
【解】　(1) 樣本空間為

$S=\{$（正，正，正），（正，正，反），（正，反，正），（反，正，正），
　　（正，反，反），（反，正，反），（反，反，正），（反，反，反）$\}$.

(2) 而出現二正面的事件為

$E=\{$（正，正，反），（正，反，正），（反，正，正）$\}$. ∎

定義 13-5

> 事件 A 關於 S 的**補集合**，是不在 A 內所有 S 元素的子集. A 的補集合以符號 A' 表示. 我們稱 A' 為 A 之**餘事件**，或稱 A 和 A' 為**互補事件**.

【例題 7】 呈上題，E' 表出現不是二正面的事件

$$E' = \{(正，正，正)，(正，反，反)，(反，正，反)，$$
$$(反，反，正)，(反，反，反)\}.$$ ■

【例題 8】 若以某公司的所有員工作為樣本空間 S，令所有男性員工所成的子集對應於一事件 A，則對應於另一事件 A' 表所有女性員工，亦為 S 的一個子集，且為男性員工事件 A 的餘事件. ■

現在我們考慮對事件來進行運算，使其形成一新的事件. 這些新的事件會跟已知事件一樣是同一個樣本空間的子集. 假設 A 與 B 是兩個與隨機實驗有關的事件，也就是說，A 與 B 是同一樣本空間 S 的子集. 例如擲骰子的時候可以讓 A 是出現奇數點的事件，而 B 是點數大於 2 的事件，則子集 $A = \{1, 3, 5\}$ 與 $B = \{3, 4, 5, 6\}$ 都是同一個樣本空間

$$S = \{1, 2, 3, 4, 5, 6\}$$

的子集. 但讀者應注意：如果出象是子集 $\{3, 5\}$ 的元素之一，A 與 B 兩個事件都會在同一個已知的投擲中發生. 這個子集 $\{3, 5\}$ 就是 A 與 B 的**交集**.

定義 13-6

> 事件 A 與 B 的**交集**是包含 A 與 B 所有共同元素的事件，以符號 $A \cap B$ 表示，稱之為 A 與 B 之**積事件**.

定義 13-7 互斥事件

> 如果 $A \cap B = \phi$ 的話，事件 A 與 B 就是**互斥**或**不相連**. 也就是說，A 與 B 沒有相同元素.

一般與隨機實驗有關的二個事件中，我們會對其中至少一個事件是否發生感興趣．因此，在擲骰子的實驗裡，如果

$$A=\{2, 4, 6\} \text{ 且 } B=\{4, 5, 6\}$$

我們想知道的可能是：不是 A 發生就是 B 發生，或者是兩個事件都發生．此類事件叫做 A 和 B 的聯集，如果出現是子集 $\{2, 4, 5, 6\}$ 的元素之一的話，即發生這個事件．

定義 13-8　和事件

事件 A 與 B 的聯集是包含所有屬於 A 或 B 或兩者都擁有之元素的事件，以符號 $A\cup B$ 來表示，稱之為 A 與 B 之和事件．

定義 13-9　聯合事件

所謂聯合事件乃是兩個或以上的事件，透過交集或聯集之運算所構成的事件．

定理 13-1　迪摩根定律 (De Morgan Laws)

(1) $(A\cup B)'=A'\cap B'$
(2) $(A\cap B)'=A'\cup B'$

【例題 9】擲一骰子，其樣本空間為 $S=\{1, 2, 3, 4, 5, 6\}$．令 A 表示奇數點的事件，B 表示偶數點的事件，C 表示小於 4 點的事件，亦即

$$A=\{1, 3, 5\}, \quad B=\{2, 4, 6\}, \quad C=\{1, 2, 3\}$$

於是可得出下列的聯合事件：

$A\cup B=\{1, 2, 3, 4, 5, 6\}=S$
$A\cap B=\phi$
$A\cup C=\{1, 2, 3, 5\}$
$A\cap C=\{1, 3\}$
$B'\cap C'=\{1, 3, 5\}\cap\{4, 5, 6\}=\{5\}$．

隨堂練習 1 擲一顆骰子，觀察其出現在上方的點數結果，則此隨機實驗的樣本空間為 $S=\{1, 2, 3, 4, 5, 6\}$，而子集 E_1 表出現奇數點的事件，E_2 表出現偶數點的事件，E_3 表出現的點數不超過 5 的事件，亦即

$$E_1=\{1, 3, 5\} \qquad E_2=\{2, 4, 6\} \qquad E_3=\{1, 2, 3, 4\}$$

求下列之聯合事件：

(1) $E_1 \cup E_2$
(2) $E_1 \cap E_2$
(3) $E_1 \cap E_3$
(4) $E_1' \cap E_3'$

答案：(1) $E_1 \cup E_2 = \{1, 2, 3, 4, 5, 6\}$.　　(3) $E_1 \cap E_3 = \{1, 3\}$.
　　　(2) $E_1 \cap E_2 = \phi$.　　(4) $E_1' \cap E_3' = \{6\}$.

隨堂練習 2 擲一顆骰子，令 $A=\{1, 2\}$，$B=\{3, 4, 5\}$，$C=\{5, 6\}$ 為三事件，求 (1) 擲此顆骰子出現點數的樣本空間 S 及 A'，(2) $(A \cup B)'$，(3) $(B \cap C)'$.

答案：(1) $S=\{1, 2, 3, 4, 5, 6\}$，$A'=\{3, 4, 5, 6\}$.
　　　(2) $(A \cup B)' = \{6\}$.
　　　(3) $(B \cap C)' = \{1, 2, 3, 4, 6\}$.

習題 13-1

1. 試寫出下列隨機實驗的樣本空間：
   (1) 投擲一枚公正的錢幣一次.
   (2) 從一副撲克牌中抽出一張牌.

2. (1) 擲一枚硬幣 (有正、反兩面) 兩次，依次觀察其出現正面或反面的結果，試寫出其樣本空間.
   (2) 擲兩枚不同硬幣一次，試寫出其樣本空間.
   (3) 擲兩枚相同硬幣一次，試寫出其樣本空間.

3. 投擲一黑一白兩骰子，試寫出其樣本空間.

4. 在第 3 題中，試描述下列各事件：
   (1) 兩骰子點數和為 7.　　(2) 兩骰子點數和大於等於 10.

(3) 最大點數等於 2.　　　　　　(4) 最小點數等於 1.

5. 設 A、B、C 表示某隨機實驗的三個事件，試以集合符號表出下列各事件：

   (1) 至少有一事件發生.　　　　　(2) 至少有一事件不發生.

6. 設某隨機實驗的樣本空間為 S，而 A、B⊂S，若某次實驗產生的樣本為 a. 試解釋下列各問題：

   (1) $a \in A'$　　　(2) $a \in A \cup B$　　　(3) $a \in A \cap B$
   (4) $A \subset B$　　　(5) $A = \phi$

7. 假設某人射靶三次，我們有興趣於每次是否射中目標，令事件 E_1 表示三次均未射中，事件 E_2 表示一次射中兩次沒射中，試敘述樣本空間 S 及事件 E_1 和 E_2.

8. 甲、乙、丙、丁四人中，抽籤決定一人為代表，其樣本空間為何？抽籤決定二人為代表之樣本空間為何？

9. 某隨機實驗 E 的樣本空間 S 若包含四個不同的樣本（即 $n(S)=4$），則關於此隨機實驗的所有可能發生的"事件"有多少？

10. 若某隨機實驗共有三種可能的結果（樣本），則此隨機實驗所有可能發生的事件共有多少？

11. 投擲兩顆正常的骰子，點數和為質數的事件與點數和為 8 之倍數的事件是什麼事件？

12. 一枚品質均勻的硬幣，向空投擲三次，俟落地後，觀察其正面 (H) 或反面 (T) 出現在地面上，試寫出此隨機實驗之樣本空間，並作此隨機實驗的樹形圖.

13. 投擲一銅幣直到第一次出現正面為止，試寫出其樣本空間.

14. 試求一電燈泡使用壽命所構成的樣本空間及此電燈泡使用壽命在十年以內的事件.

15. 如果一個家庭有三個孩子，試定出其樣本空間.（提示：以（男，女，女）或（男，男，女）之形式表示.）

16. 擲一枚公正硬幣三次，依次觀察出現正面或反面的結果. 寫出：

    (1) 樣本空間.
    (2) 至少出現一次正面的事件 A.
    (3) 恰好出現二次正面的事件 B.
    (4) A 與 B 的和事件.
    (5) A 與 B 的積事件.

17. 自 A、B、C、D、E 五個字母中,取出兩個 (不重複),試問:
    (1) 其樣本空間為何?
    (2) 取出之字母皆為子音的事件為何?
    (3) 取出之字母恰有一個為母音的事件為何?
18. 投擲三枚硬幣,求其樣本空間及出現二正面的事件.

13-2 機率的定義與基本定理

有了樣本空間與事件的觀念之後,我們再來探討什麼叫做機率.

定義 13-10

> 機率是衡量某一事件可能發生的程度 (機會大小),並針對此一不確定事件發生之可能性賦予一量化的數值.

由以上的定義得知,機率是一個介於 0 和 1 之間的實數,當機率為 0 時,表示這項事件絕不可能發生;而機率為 1 時,則表示這項事件必定發生.

一、機率測度的方法 (古典方法的機率測度)

在一有限的樣本空間 S 中,某一事件 E 的機率 $P(E)$ 定義為

$$P(E) = \frac{n(E)}{n(S)} \tag{13-2-1}$$

式中的 $n(S)$ 與 $n(E)$ 分別代表樣本空間與事件所包含的樣本點個數.

【例題 1】 擲一骰子,另 E 表示奇數點的事件,則 $P(E) = ?$

【解】 $P(E) = \dfrac{n(E)}{n(S)} = \dfrac{3}{6} = \dfrac{1}{2}$. ▫

【例題 2】 一袋中有 3 黑球 2 白球,自其中任取 2 球,則此 2 球為一黑、一白的機率為何?

【解】 自 5 個球（3 黑，2 白）中任取 2 球的可能結果有 $C_2^5=10$ 種．故樣本空間 S 之元素個數為 $n(S)=10$.

設取出一黑球、一白球的事件為 E，則因 1 黑球一定是由 3 黑球中取出，故有 $C_1^3=3$ 種可能．同理，1 白球是由 2 白球中取出，故有 $C_1^2=2$ 種可能．由乘法原理知取出一黑球、一白球的可能情形有 $C_1^3 \cdot C_1^2 = 3 \times 2 = 6$ 種，故 $n(E)=6$，因此，

$$P(E)=\frac{n(E)}{n(S)}=\frac{6}{10}=\frac{3}{5}.$$

【例題 3】 將 a, b, c, d, e, f 6 個英文字母排成一列，則 (1) 有幾種排法？(2) b 必須排首位的機率為何？(3) b 在首位且 a 不排末位的機率為何？

【解】 (1) 6 個英文字母排成一列共有 $6!=720$ 種排法．

(2) b 必須排首位，則尚有 a, c, d, e, f 5 個英文字母排在第 2 至 6 位，共有 $5!=120$ 種排法，設 b 必須排首位之事件為 E，則

$$P(E)=\frac{n(E)}{n(S)}=\frac{120}{720}=\frac{1}{6}$$

(3) 設 b 必須排首位之事件為 E，a 排末位之事件為 F，則 b 在首位且 a 不排末位的機率為 $E \cap F'$，

$$n(E \cap F')=n(E)-n(E \cap F)=5!-4!=120-24=96$$

$$P(E \cap F')=\frac{n(E \cap F')}{n(S)}=\frac{96}{6!}=\frac{96}{720}=\frac{2}{15}.$$

【例題 4】 用 teacher 一字的七個字母作種種排列，試求相同二字母相鄰之機率．

【解】 teacher 一字的字母中有二個 e，所以這七個字母任意排列的所有可能情形共有 $\frac{7!}{2!}=2520$ 種．故樣本空間 S 之元素個數為 $n(S)=2520$.

設相同二字母相鄰之事件為 E．二個字母 e 相鄰的排法有 $6!=720$ 種可能，故

$$P(E)=\frac{n(E)}{n(S)}=\frac{720}{2520}=\frac{2}{7}.$$

隨堂練習 3 一袋中有紅球 5 個，白球 3 個，黑球 2 個，試求任取一球為白球之機率.

答案：$\dfrac{3}{10}$.

隨堂練習 4 4 個男人、4 個女人圍一圓桌而坐，試問恰好男女相間而坐的機率是多少？

答案：$\dfrac{1}{35}$.

二、機率之性質

1. $P(\phi)=0$，$P(S)=1$.

證：因 $n(\phi)=0$，故 $P(\phi)=\dfrac{n(\phi)}{n(S)}=\dfrac{0}{n(S)}=0$.

2. 若 $E \subset S$ 為一事件，則 $0 \leq P(E) \leq 1$.

證：$E \subset S \Rightarrow 0 \leq n(E) \leq n(S)$

$$\Rightarrow \dfrac{0}{n(S)} \leq \dfrac{n(E)}{n(S)} \leq \dfrac{n(S)}{n(S)}$$

$$\Rightarrow 0 \leq P(E) \leq 1$$

換句話說，每一事件的機率都是介於 0 與 1 之間的某一個實數.

3. 若 $E \subset S$ 為一事件，則 $P(E')=1-P(E)$.

證：設樣本空間 S 有 n 個事件，且每一基本事件出現的機會均等，則

$$P(E')=\dfrac{n(E')}{n}=\dfrac{n-n(E)}{n}=1-\dfrac{n(E)}{n}=1-P(E).$$

4. 加法性 (和事件之機率)：若 A 與 B 為 S 中的兩事件，則

$$P(A \cup B)=P(A)+P(B)-P(A \cap B).$$

證：設樣本空間 S 有 n 個基本事件，且每一基本事件出現的機會均等．因

$$n(A\cup B)=n(A)+n(B)-n(A\cap B)$$

故

$$P(A\cup B)=\frac{n(A\cup B)}{n}=\frac{n(A)+n(B)-n(A\cap B)}{n}$$

$$=\frac{n(A)}{n}+\frac{n(B)}{n}-\frac{n(A\cap B)}{n}$$

$$=P(A)+P(B)-P(A\cap B).$$

5. 單調性：若 A 與 B 為 S 中的兩事件，且 $A\subset B$，則 $P(A)\leq P(B)$．

證：

$$A\subset B \Rightarrow n(A)\leq n(B)$$

$$\Rightarrow \frac{n(A)}{n(S)}\leq \frac{n(B)}{n(S)}$$

$$\Rightarrow P(A)\leq P(B).$$

6. 互斥事件之加法性：若 A、B 為 S 中的兩事件，且 $A\cap B=\phi$，則

$$P(A\cup B)=P(A)+P(B).$$

證：因 A、B 為 S 中的兩事件，由性質 (4) 知

$$P(A\cup B)=P(A)+P(B)-P(A\cap B)$$

又因 $A\cap B=\phi$，則 $P(A\cap B)=P(\phi)=0$，故

$$P(A\cup B)=P(A)+P(B).$$

7. A、B 為二事件，則 $P(B)=P(A\cap B)+P(A'\cap B)$．

證：因為 $B=S\cap B$，則

$$B=S\cap B=(A\cup A')\cap B=(A\cap B)\cup (A'\cap B)$$

而 $A\cap A'=\phi$，故

$$(A\cap B)\cap (A'\cap B)=\phi$$

由性質 (6) 知，

$$P(B)=P((A\cap B)\cup (A'\cap B))=P(A\cap B)+P(A'\cap B).$$

註：集合的分配律如下：

$$A\cup(B\cap C)=(A\cup B)\cap(A\cup C)$$
$$A\cap(B\cup C)=(A\cap B)\cup(A\cap C).$$

【例題 5】 設 S 為樣本空間 $A\subset S$，$B\subset S$，$P(A)=P(B)=\dfrac{1}{4}$，$P(A\cap B)=\dfrac{1}{5}$，求：

(1) $P(A\cup B)$　　(2) $P(A'\cap B)$　　(3) $P(A'\cap B')$.

【解】 (1) $P(A\cup B)=P(A)+P(B)-P(A\cap B)=\dfrac{1}{4}+\dfrac{1}{4}-\dfrac{1}{5}=\dfrac{3}{10}$

(2) $P(A'\cap B)=P(B)-P(A\cap B)=\dfrac{1}{4}-\dfrac{1}{5}=\dfrac{1}{20}$

(3) $P(A'\cap B')=P(A\cup B)'=1-P(A\cup B)=1-\dfrac{3}{10}=\dfrac{7}{10}$ ∎

【例題 6】 設 A、B 表示兩事件，且 $P(A)=\dfrac{1}{3}$，$P(B)=\dfrac{1}{4}$，$P(A\cup B)=\dfrac{2}{5}$，求：

(1) $P(A\cap B)$　　(2) $P(A'\cap B)$　　(3) $P(A'\cup B)$　　(4) A，B 是否互斥？

【解】 (1) 因　　　　$P(A\cup B)=P(A)+P(B)-P(A\cap B)$

則　　　　$P(A\cap B)=P(A)+P(B)-P(A\cup B)$

故　　　　$P(A\cap B)=\dfrac{1}{3}+\dfrac{1}{4}-\dfrac{2}{5}=\dfrac{11}{60}$.

(2) 由　　　　$P(B)=P(B\cap A)+P(B\cap A')$

則　　　　$P(A'\cap B)=P(B)-P(B\cap A)$

$$=\dfrac{1}{4}-\dfrac{11}{60}=\dfrac{1}{15}.$$

(3) $P(A'\cup B)=P(A')+P(B)-P(A'\cap B)$

$$=(1-P(A))+P(B)-P(A'\cap B)$$

$$=\left(1-\dfrac{1}{3}\right)+\dfrac{1}{4}-\dfrac{1}{15}$$

$$=\dfrac{17}{20}$$

(4) 由 (1)，$P(A \cap B) = \dfrac{11}{60} \neq 0$，故 A，B 不互斥． ∎

隨堂練習 5 甲、乙兩人手槍射擊，甲的命中率為 0.8，乙的命中率為 0.7，兩人同時命中的命中率為 0.6，求：

(1) 兩人均未命中的機率．　(2) 乙命中但甲未命中的機率．

答案：(1) 0.1，(2) 0.1．

隨堂練習 6 甲袋中有 5 個紅球、4 個白球，乙袋中有 4 個紅球、5 個白球，今從甲、乙兩袋各任取 2 球，求所取得的 4 球均為同色的機率．

答案：$\dfrac{5}{54}$．

習題 13-2

1. 擲一枚硬幣兩次，求出現兩次正面的機率，及出現至少一次正面的機率．

2. 九個人圍圓桌而坐，其中甲、乙兩人相鄰的機率為何．

3. 投擲兩顆骰子，求其點數和為 8 的機率．

4. 某公司有二個缺，應徵者有 15 男，17 女，今在此 32 人中任取 2 位，求剛好得到 1 男 1 女的機率．

5. A、B、C、D、E 五個字母中，任取二個 (每字被取之機會均等)，試求：

   (1) 此二字母均為子音的機率．　　(2) 此二字母恰有一個為母音的機率．

6. 某公司現有兩個職位空缺，決定由 7 個人中隨意任用 2 人．已知此 7 人中有一人是經理的女兒，另一人是經理的媳婦，而其他 5 人是一般的應徵者，試問填補這兩個職位空缺的人中至少有一位是經理的女兒或媳婦的機率為多少？

7. 有六對夫婦，自其中任選 2 人，求：

   (1) 此 2 人恰好是夫婦的機率．　　(2) 此 2 人為一男一女的機率．

8. 設 A，B 為兩事件，且 $P(A \cup B) = \dfrac{3}{4}$，$P(A') = \dfrac{2}{3}$，$P(A \cap B) = \dfrac{1}{4}$，求：

   (1) $P(B)$　　(2) $P(A - B)$．

9. 擲一顆公正的骰子，E_1 表第一次出現偶數點的事件，E_2 表第二次出現奇數點的事件，求 $P(E_1 \cap E_2)$ 及 $P(E_1 \cup E_2)$.

10. 將 "probability" 的 11 個字母重新排成一列，求相同字母不能排在相鄰位置的機率.

11. 自一副撲克牌中任取 (1) 2 張，(2) 3 張；試問至少取到一張黑桃的機率.

12. 設樣本空間為 S，若二事件 A、$B \subset S$，試證明：

    (1) $P(A \cap B') = P(A) - P(A \cap B)$

    (2) $P((A \cap B') \cup (B \cap A')) = P(A) + P(B) - 2P(A \cap B)$.

13. 若一副撲克牌 (52 張) 中缺了一張黑桃 Q，則在此副牌中任取兩張均為紅色的機率是多少？

14. 在 7 個人中，任意 2 個人都不在同一個月份出生的機率是多少？

15. 長度為 1、2、3、4、5、8 的線段各一條，今自其中任取三條，求所取得三條線段可作為三角形之三邊的機率.

16. 自 1 到 10 的自然數中任取相異兩數，求：

    (1) 兩數之和為 5 的倍數之機率.

    (2) 兩數之和為 10 的機率.

    (3) 兩數之積為偶數的機率.

17. 有 12 本不同的書排成一列，其中兩本是數學書與英文書，求：(1) 數學書與英文書相鄰的機率；(2) 數學書與英文書相鄰，但數學書在最左端或英文書在最右端時的機率.

18. 自 20 到 70 的自然數中任取相異三數，依次由小到大排列 (自左至右)，求此三數成等差數列的機率.

19. 設 A、B、C 為三事件，$P(A) = P(B) = P(C) = \dfrac{1}{4}$，$P(A \cap B) = P(B \cap C) = 0$，$P(C \cap A) = \dfrac{1}{8}$，求：

    (1) A、B、C 三事件之中至少發生一件的機率，

    (2) A、B、C 至少發生二件的機率，

    (3) A、B、C 均不發生的機率.

20. 設 A、B、C 為三事件，且 $P(A)=P(B)=P(C)=\dfrac{1}{5}$，$P(A\cap B)=\dfrac{1}{10}$，$P(B\cap C)=P(C\cap A)=0$，求：
    (1) $P(A\cup B\cup C)$ 　　　　　　(2) $P(A'\cap B')$.

13-3　條件機率

　　一事件發生的機率常因另一事件的發生與否而有所改變．例如：某大學學生人數 1000 人中，男生 600 人，近視者 200 人，近視人數中女生占 50 人．今從全體學生 (看成樣本空間 S) 任選一人，設 B、G、E 分別表示選上"男生"、"女生"、"近視"的事件，則選上近視者的機率為 $P(E)=\dfrac{200}{1000}=\dfrac{1}{5}$，但如果已知選上男生 ($B$ 事件已發生)，此人是近視的機率就變成 $\dfrac{150}{600}=\dfrac{1}{4}$ (見圖 13-2)．換句話說，B 事件的發生影響到 E 事件的機率，這就是條件機率的概念．

　　當樣本空間 S 中某一事件 B 已發生，而欲求事件 A 發生的機率，這種機率稱之為事件 A 的**條件機率**，以符號 $P(A|B)$ 表示．條件機率就是要處理 "已得知實驗的部分" 結果 (事件 B 發生) 下，重新估計另一事件 A 發生的機率．

　　在前例 (圖 13-2) 中，已知選上男生正表示實驗的結果是 B 事件發生，因此樣本

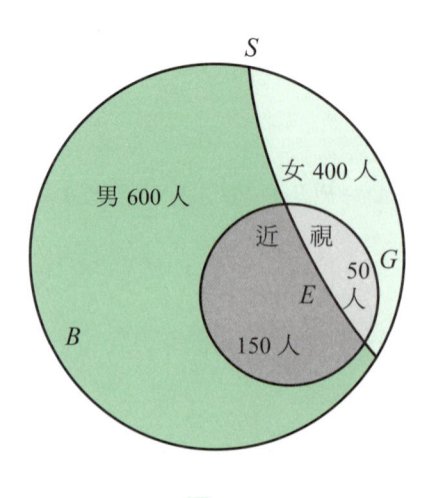

圖 13-2

空間 S 中的樣本點可以剔除女生，而 B 事件看成新的樣本空間 (該實驗的所有可能結果)，然後在新的樣本空間 B 上求近視的機率，圖 13-2 中只需在 B 的範圍內 (600 人) 挑選近視者 (150 人) 即可.

所以 $P(E|B)=\dfrac{150}{600}=\dfrac{1}{4}$，同理，$P(E|G)=\dfrac{50}{400}=\dfrac{1}{8}$ (在 G 的範圍內求 E 的機率)，$P(B|E)=\dfrac{150}{200}=\dfrac{3}{4}$ (在 E 的範圍內求 B 的機率). 又

$$P(E|B)=\dfrac{n(E\cap B)}{n(B)}=\dfrac{\dfrac{n(E\cap B)}{n(S)}}{\dfrac{n(B)}{n(S)}}=\dfrac{P(E\cap B)}{P(B)}.$$

我們現在定義條件機率如下.

定義 13-11

> 設 A、B 為樣本空間 S 中的兩事件，且 $P(B)>0$，則在事件 B 發生的情況下，事件 A 的**條件機率** $P(A|B)$ 為
>
> $$P(A|B)=\dfrac{P(A\cap B)}{P(B)}$$
>
> $P(A|B)$ 讀作「在 B 發生的情況下，A 發生的機率」.

事實上，任一事件 A 的機率亦可看成"在 S 發生的情況下，A 的條件機率"，這是由於

$$P(A|S)=\dfrac{P(A\cap S)}{P(S)}=\dfrac{P(A)}{1}=P(A)$$

的緣故.

【例題 1】 一個定期飛行的航班準時起飛的機率是 $P(D)=0.83$，準時到達的機率是 $P(A)=0.82$，而準時起飛和到達的機率是 $P(D\cap A)=0.78$. 試求下列機

率：

(1) 已知飛機準時起飛後，其準時到達的機率，

(2) 已知它已經準時到達時，其準時起飛的機率．

【解】 (1) 已知飛機準時起飛後，其準時到達的機率是

$$P(A\mid D)=\frac{P(D\cap A)}{P(D)}=\frac{0.78}{0.83}=0.94$$

(2) 已知飛機已經準時到達時，其準時起飛的機率是

$$P(A\mid D)=\frac{P(D\cap A)}{P(A)}=\frac{0.78}{0.82}=0.95.$$

【例題 2】 擲一枚公正硬幣 3 次，令 A 表示第一次出現正面的事件，B 表示 3 次中至少 2 次出現正面的事件，求 $P(B\mid A)$ 及 $P(A\mid B)$．

【解】
$A=\{$正正正，正正反，正反正，正反反$\}$
$B=\{$正正正，正正反，正反正，反正正$\}$
$A\cap B=\{$正正正，正正反，正反正$\}$

$$P(B\mid A)=\frac{P(A\cap B)}{P(A)}=\frac{\frac{3}{8}}{\frac{4}{8}}=\frac{3}{4}$$

$$P(A\mid B)=\frac{P(A\cap B)}{P(B)}=\frac{\frac{3}{8}}{\frac{4}{8}}=\frac{3}{4}.$$

隨堂練習 7　擲一對公正骰子，在其點數和為 6 的條件下，求其中有一骰子出現 5 點的機率．

答案：$\dfrac{2}{5}$．

定理 13-2　條件機率之性質

設 A、B、C 為樣本空間 S 中的任意三事件，且 $P(C) > 0$，$P(B) > 0$，則有
(1) $P(\phi|C) = 0$
(2) $P(C|C) = 1$
(3) $0 \leq P(A|C) \leq 1$
(4) $P(A'|C) = 1 - P(A|C)$
(5) $P(A \cup B|C) = P(A|C) + P(B|C) - P(A \cap B|C)$
(6) $P(A) = P(A|B)P(B) + P(A|B')P(B')$

證：(3) 因 $(A \cap C) \subset C$, 可知, $0 \leq n(A \cap C) \leq n(C)$, 故

$$0 \leq \frac{n(A \cap C)}{n(C)} \leq 1$$

又

$$0 \leq \frac{\dfrac{n(A \cap C)}{n(S)}}{\dfrac{n(C)}{n(S)}} \leq 1$$

即

$$0 \leq \frac{P(A \cap C)}{P(C)} \leq 1$$

故

$$0 \leq P(A|C) \leq 1$$

其餘留給讀者自證.

【例題 3】　設 A 與 B 為同一樣本空間的兩事件，且 $P(A) = \dfrac{1}{3}$，$P(B) = \dfrac{1}{4}$，$P(A \cap B) = \dfrac{1}{6}$. 求：

(1) $P(A|B)$　　(2) $P(B|A)$　　(3) $P(A'|B')$　　(4) $P(B'|A')$.

【解】　(1) $P(A|B) = \dfrac{P(A \cap B)}{P(B)} = \dfrac{\frac{1}{6}}{\frac{1}{4}} = \dfrac{2}{3}$

(2) $P(B|A) = \dfrac{P(B \cap A)}{P(A)} = \dfrac{\frac{1}{6}}{\frac{1}{3}} = \dfrac{1}{2}$

(3) 因 $P(A' \cap B') = P((A \cup B)') = 1 - P(A \cup B)$
$= 1 - [P(A) + P(B) - P(A \cap B)]$
$= 1 - \left(\dfrac{1}{3} + \dfrac{1}{4} - \dfrac{1}{6}\right) = \dfrac{7}{12}$

故 $P(A'|B') = \dfrac{P(A' \cap B')}{P(B')} = \dfrac{\frac{7}{12}}{1 - \frac{1}{4}} = \dfrac{7}{9}$

(4) $P(B'|A') = \dfrac{P(B' \cap A')}{P(A')} = \dfrac{\frac{7}{12}}{1 - \frac{1}{3}} = \dfrac{7}{8}$.

∎

隨堂練習 8 擲一骰子（各點出現機會均等），若出現 1、2 點，則自 {a, b, c, d, e} 中任取一字母；若出現 3、4、5、6 點，則自 {f, g, h, i} 中任取一字母，求取到子音字母之機率

答案：$\dfrac{7}{10}$.

設 A、B 為任意兩事件，若 $P(A) > 0$，$P(B) > 0$，則條件機率的式子可以寫成：

$$P(A \cap B) = P(A)P(B|A) = P(B)P(A|B) \qquad \text{(13-3-1)}$$

此式稱為條件機率的乘法公式，它告訴我們如何去求兩個事件 A 與 B 同時發生的機率。

定理 13-3

若 $P(A) > 0$，$P(A \cap B) > 0$，則 $P(A \cap B \cap C) = P(A)P(B|A)P(C|A \cap B)$.

證：由條件機率定義可得

$$P(C|A \cap B) = \frac{P(A \cap B \cap C)}{P(A \cap B)}$$

$$P(B|A) = \frac{P(A \cap B)}{P(A)}$$

故　　$P(A \cap B \cap C) = P(A \cap B) P(C|A \cap B) = P(A) P(B|A) P(C|A \cap B)$.

一般而言，我們可將定理 13-3 推廣到 n 個事件，而得到下面的定理，稱為條件機率的乘法定理，它告訴我們如何去求 n 個事件同時發生的機率．

定理 13-4　條件機率的乘法定理

設 A_i，$i = 1, 2, 3, \cdots, n$，為 n 個事件，且已知 $P(A_1) > 0$，$P(A_1 \cap A_2) > 0$，$\cdots$，$P(A_1 \cap A_2 \cap A_3 \cap \cdots \cap A_{n-1}) > 0$，則 $P(A_1 \cap A_2 \cap A_3 \cap \cdots \cap A_n) = P(A_1)P(A_2|A_1) P(A_3|A_1 \cap A_2) \cdots P(A_n|A_1 \cap A_2 \cap A_3 \cap \cdots \cap A_{n-1})$.

下面的例題就是有關條件機率乘法定理的應用．

【例題 4】　袋中有 7 個紅球、4 個白球、2 個黑球．若各球被抽中的機會均等，試求第一、二、三次均抽到白球的機率 (設取出三球不放回)．

【解】　設 A_1、A_2、A_3 分別表第一、二、三次抽到白球的事件，依機會均等及條件機率之定義，得

$$P(A_1) = \frac{4}{13}, \quad P(A_2|A_1) = \frac{3}{12}, \quad P(A_3|A_1 \cap A_2) = \frac{2}{11}$$

由定理 13-3 知

$$P(A_1 \cap A_2 \cap A_3) = P(A_1)P(A_2 \mid A_1)P(A_3 \mid A_1 \cap A_2)$$

$$= \frac{4}{13} \cdot \frac{3}{12} \cdot \frac{2}{11} = \frac{2}{143}.$$

隨堂練習 9 甲袋中有 5 個白球、3 個紅球，乙袋中有 2 個白球、4 個紅球．今任選一袋取出 1 球，放入另一袋中，再由其中取出 1 球．若選取袋與選取袋中每一球的機會均等，求兩次取出的球均為白球的機率．

答案：$\dfrac{247}{1008}$．

習題 13-3

1. 設 A 與 B 為兩事件，$P(A)=\dfrac{1}{3}$，$P(B)=\dfrac{1}{5}$，$P(A \cup B)=\dfrac{1}{2}$，求

    (1) $P(B \mid A)$ (2) $P(A \mid B)$ (3) $P(A \mid B')$．

2. 設 A 與 B 為兩事件，$P(A')=\dfrac{1}{3}$，$P(B)=\dfrac{1}{4}$，$P(A \cup B)=\dfrac{3}{5}$，求 $P(A \mid B')$．

3. 擲一公正骰子兩次，以 A 表示第一次點數大於第二次點數的事件，B 表示兩次點數和為偶數的事件，求 $P(B \mid A)$ 及 $P(A \mid B)$．

4. 擲一公正硬幣三次，以 A 表示第一次出現正面的事件，B 表示三次中至少兩次出現正面的事件，求 $P(B \mid A)$ 及 $P(A \mid B)$．

5. 擲一公正骰子兩次，以 A 表示第一次出現的點數為偶數的事件，B 表示兩次點數和為 8 點的事件，求 $P(B \mid A)$ 及 $P(A \mid B)$．

6. 由 1 到 60 的自然數中任取一數，以 A、B、C 分別表示取到的數為 2 的倍數、3 的倍數、5 的倍數的事件，求 $P(B \mid A)$ 及 $P(C \mid A \cap B)$．

7. 擲三枚均勻的硬幣，求至少出現兩正面的事件下，第一個出現正面的機率為多少？

8. 設某班級共有 100 人，其中有色盲者 20 人，100 人中有男生 70 人，女生 30 人，而有色盲之女生共 5 人，求下列各機率：

    (1) 100 人中選 1 人，求選中女生的條件下，被選者有色盲之機率．

    (2) 100 人中選 1 人，求選中男生的條件下，被選者無色盲之機率．

9. 設一袋中有 7 紅球、5 白球、4 黃球，今連續取 3 次，每次取 1 球，若取後再

放回袋中，求依次取得紅球、白球、黃球之機率.

10. 一箱子中有 6 個紅球，4 個白球，若自其中取出 2 球 (取出不放回)，試求取出一紅一白的機率？

11. 設 A 與 B 為兩事件，$P(A) = \dfrac{1}{3}$，$P(A|B) = \dfrac{1}{4}$，$P(A' \cap B') = \dfrac{1}{3}$，求 $P(B)$.

12. 將 "seesaw" 一字任意排成一列，已知 s 排在最左邊，求 2 個 e 相鄰的機率.

13. 將 5 個球任意放入 A、B、C 三個袋子中，在 A、B 兩袋總共放入 3 個球的條件下，求 A 袋中恰好放入 1 個球的機率.

14. 擲一公正硬幣 6 次，令 A 表示 6 次中至少 4 次出現正面的事件，B 表示 6 次中至少 4 次連續出現正面的事件，求：
    (1) 事件 A 發生的機率.
    (2) 在事件 A 發生的條件下，事件 B 發生的機率.

15. 袋中有 7 個紅球、4 個白球、2 個黑球，每次任取 1 球，取後不放回，共取三次，求三次均抽到白球的機率.

16. 袋中有 3 個紅球、4 個白球、5 個黃球，共 12 個球，每次任取一球，取後不放回，共取三次．求：
    (1) 取出的球依次為紅、白、黃色的機率.
    (2) 第二次取出白球的機率.

17. A 袋中有 1 個黃球、2 個白球，B 袋中有 2 個黃球，3 個白球，C 袋中有 3 個黃球，5 個白球．今自各袋中任取一球．求：
    (1) 3 個球均為黃球的機率.
    (2) 3 球中恰有 1 個黃球的機率.

18. 甲袋中有 3 個白球、2 個紅球，乙袋中有 2 個白球、4 個紅球，丙袋中有 1 個白球 2 個紅球，今任選一袋，再自袋中任取一球，求取得白球的機率.

19. A 袋中有 5 個黑球、4 個白球，B 袋中有 4 個黑球、4 個白球，今自 A 袋中取 2 球放入 B 袋．再自 B 袋中任取 1 球．求最後取出黑球的機率.

20. 金橡公司向某工廠訂購 100 個電子元件，該工廠生產線上的包裝員以 5 個不合格的電子元件與 95 個合格之電子元件混合裝成一箱，而金橡公司之採購員隨意由其中抽出兩個來檢查，求該採購員抽出兩個均為合格之電子元件的機率為多少？

13-4 數學期望值

為了說明數學期望值這個觀念，我們先考慮下面的例子：假設投擲一顆骰子，出現了 2 點得 20 元，出現其他的點失去 1 元，試問投擲一次的得失情形．事實上，投擲骰子一次，可能得 20 元，亦可能失去 1 元，究竟是得 20 元還是失去 1 元，並不清楚，但將這個試驗做 100 次，假如 2 點出現了 15 次，其他點出現了 85 次，所得的結果是 $20 \times 15 - 1 \times 85 = 215$ 元，即平均每次約得 2 元左右．這種平均值就是投擲骰子一次的期望值．當試驗 N 的次數增大，期望值就愈穩定，在 N 次試驗中，2 點出現了 a 次，其他點出現了 b 次，則一次的平均得失是

$$\frac{20a-b}{N} = 20\left(\frac{a}{N}\right) - 1 \cdot \left(\frac{b}{N}\right)$$

如果骰子點數出現的機會均等，當 N 增大時，$\left(\frac{a}{N}\right) \to \frac{1}{6}$，$\left(\frac{a}{N}\right) \to \frac{5}{6}$，即

$$20 \times \frac{1}{6} - 1 \times \frac{5}{6} = 2.5$$

這個值就稱為**數學期望值**．

定義 13-12

設一實驗的樣本空間為 S，$\{A_1, A_2, A_3, \cdots, A_n\}$ 為 S 的一個分割，若事件 A_i 發生，可得 m_i 元，$i=1, 2, 3, \cdots, n$，則稱

$$\sum_{i=1}^{n} m_i\, P(A_i)$$

為此實驗的**數學期望值**，簡稱為**期望值**．

第 13 章 機率與統計

【例題 1】 擲一顆公正骰子，出現么點可得 300 元，出現偶數點可得 200 元，出現其他各點可得 60 元，求擲一次骰子所得金額的期望值．

【解】 擲一顆骰子，出現么點的機率為 $\frac{1}{6}$，出現偶數點的機率為 $\frac{1}{2}$，出現 3 點、5 點的機率為 $\frac{1}{3}$，故所求的期望值為

$$300 \text{ 元} \times \frac{1}{6} + 200 \text{ 元} \times \frac{1}{2} + 60 \text{ 元} \times \frac{1}{3} = 170 \text{ 元}.$$

【例題 2】 擲二枚公正硬幣，若出現兩次正面可得 20 元，兩次反面可得 16 元，設玩一次須付 10 元，則

(1) 玩一次所得獎金的期望值為何？ (2) 此遊戲是否公平？

【解】 (1) 擲二枚公正硬幣出現兩次正面的機率為 $\frac{1}{4}$，兩次反面的機率為 $\frac{1}{4}$，

故獎金的期望值 $= 20 \times \frac{1}{4} + 16 \times \frac{1}{4} = 9$ (元)

(2) 玩一次須付 10 元，則獎金的期望值 $-10 = 9 - 10 = -1$ (元) < 0，因此該遊戲並不公平．

隨堂練習 10 擲一顆公正骰子，若出現么點即得 12 元，求其期望值．
答案：2 元．

隨堂練習 11 袋中有五十元、十元硬幣各 3 枚，今自袋中任取 2 枚，求所得總金額之期望值．
答案：60 元．

習題 13-4

1. 丟一枚均勻硬幣，若得正面即可得 2 元，求其期望值為多少？

2. 某公司發行每張 100 元的彩券 2,000 張，其中有 2 張獎金各 50,000 元，有 8 張獎金各 10,000 元，有 10 張獎金各 1000 元．試問購買此彩券是否有利？

3. 假設某期愛國獎券發行 1,000 萬張，每張 10 元，獎額分配如下：

第一特獎	1 張	獎金 2,000 萬元
頭　　獎	1 張	獎金 100 萬元
二　　獎	1 張	獎金 50 萬元
三　　獎	100 張	獎金 10 萬元
四　　獎	1,000 張	獎金 1 萬元
五　　獎	10,000 張	獎金 1,000 元

   求買一張獎券的期望值有多少？購買此獎券是否有利？

4. 某保險公司銷售一年期的人壽保險給 25 歲的年輕人，保險額為 1000 元，保險費為 10 元．依照過去資料顯示，25 歲的年輕人活到 26 歲的機率為 0.992，求該公司的期望利潤．

5. 同時擲三枚公正硬幣一次，若出現三個正面可得 5 元，出現二個正面可得 3 元，出現一個正面可得 2 元，全部出現反面可得 1 元，試問同時擲三個硬幣一次，可期望得多少元？

6. 同時擲兩顆公正的骰子，所得點數和的期望值為多少？

7. 袋中有十元、五元硬幣各 4 枚，今自袋中任取 3 枚，則期望值為多少？

8. 設 $S=\{1, 2, 3, 4, 5, 6, 7, 8, 9, 10\}$，今自 S 中任選一數（機會均等），求其正因數個數的期望值．

9. 袋中有一元硬幣 7 枚，十元硬幣 3 枚，每枚被取出的機會均等，今自袋中任取 3 枚，求此三枚之金額的期望值．

10. 同時擲兩顆公正骰子一次，設出現點數之差的絕對值為 X，求：
    (1) $X=0$ 的機率.　　(2) $X=1$ 的機率.　　(3) X 的期望值.

11. 袋中有 8 個紅球，n 個白球，今自袋中任取 1 球，取得紅球可得 100 元，取得白球則需付出 50 元，若此實驗的期望值為 30 元，求 n 的值.

12. 自 1，2，3，4，5，6 中任取三個相異數字，設最大者為 X，求：
    (1) $X=k$ ($k=1$，2，3，4，5，6) 的機率.
    (2) X 的期望值.

13. 有一小鋼珠從圖中的入口處 Q 落下，在分叉點滾至左、右的機會均等．若從出口處 A、B、C、D 滾出，依次可得 10 元、4 元、10 元、20 元，試問從入口每次落下一鋼珠，可期望得多少元？

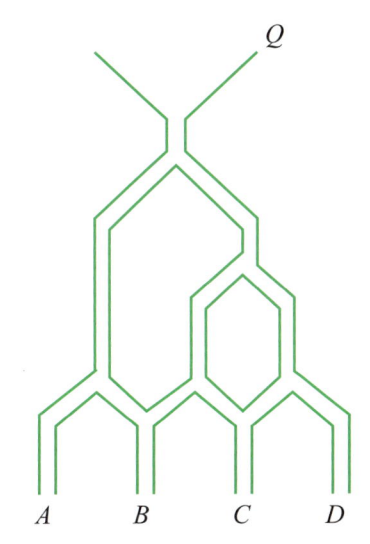

14. 設筒中存有 1 號籤 1 支，2 號籤 2 支，3 號籤 3 支，⋯，n 號籤 n 支，今自筒中任意抽出 1 支，若抽得 k 號籤，可得 k 元，求抽出 1 支籤的期望值.

15. 某甲賭 100 元，某乙賭 t 元，從一副撲克牌中任取二張，如果二張為同一花色，則某甲贏否則某乙贏，試問 t 之值為多少時，此一賽局才算公正？

13-5 資料整理與圖表製作

一、統計的意義

在現今忙碌的生活中，大部分的人或多或少皆會接觸到統計學，但是很少有人對於統計學的知識具有清晰的概念、充分的瞭解．然而，統計是什麼呢？統計乃是在面對不確定的情況下，研究有關全體的不確定現象的通則，藉以做出明智決策的一種科學方法．統計在現今各行各業已被廣泛地應用，舉凡農業、漁業、工業、商業、生物學、醫學、經濟學、心理學、社會學、自然科學、教育、政治、貿易、保險等等都會用到統計學．事實上，一些基本的統計方法，早已成為現代人的基本常識了．例如，藥劑師如何檢定新藥物的有效性？生物學家如何預測西元 2020 年的世界人口總數？廠商如何評估新產品的市場需求？民意調查機構如何就訪問數百名選民來預測選舉結果？…等等．這些問題均可以用統計方法來加以解決．

統計不僅是簡化與表示一群數值而已，事實上，統計主要研討的問題是如何從某數值資料的全體中抽出一部分，而利用這一部分資料去推測全體的某些特性．舉例來說，為了要曉得台灣人民的失業率，就去調查就業情形，不但耗時，而且相當不經濟，為此，我們可以僅調查一小部分人民的就業情形去估計失業率．

統計學依照所研究的目的，分成敘述統計與推論統計．所謂敘述統計是將蒐集或調查獲得的資料加以整理或簡化，再表成有意義的數值或圖表．本章所要探討的是敘述統計，這一部分比較簡單，卻非常有用，至於需要機率理論基礎的推論統計則不予以探討．

二、次數分配表與累積次數分配曲線

一般，我們會將調查、蒐集來的資料，加以整理，並且以圖表描述該資料，而從資料中獲得有意義的資訊．統計工作者常將一大堆數據簡化成一張圖表，因為一張圖表的效果通常比一頁頁的數據或文字更吸引人．

當我們遇到一組資料有很多數據，而不容易從數據中看出整個資料所提供的訊息時，必須將資料簡化後才能變成有用的資訊．繪製統計圖 (如長條圖、直方圖、圓面積圖等) 及次數分配表就是整理簡化資料的重要工作．

1. 次數分配表的編製

當統計資料太過龐雜時，編製次數分配表能幫助我們化繁雜為簡單，使它便於分析比較，又易於計算．次數分配表編製的步驟如下：

(1) 求全距

全距即是全部資料中最大數減去最小數的差．

(2) 定組數

統計資料的分類，稱為分組，分組的數目稱為組數．通常分成 7 至 15 組．

(3) 定組距

將資料分組，每一組的範圍，稱為每一組的組距．

(4) 定組限

每一組上下兩端的界限，稱為該組的組限．數值較小的組限稱為下限，數值較大的組限稱為上限．在定組限時，務必使最小一組的下限，較實際資料的最小值略低或相等，而且最大一組的上限，務必較真實資料的最大值略高或相等．

(5) 歸類劃記

將每一原始資料在對應的組內填記一劃，五劃為一小束 (常記成 卌 或一正字)，以便計算統計．

(6) 計算次數

歸類劃記工作完成後，計算各組的次數，並將其結果以阿拉伯數字記載於整理表中的次數欄內，同時再將各組的次數相加以求其總和，此總和應與原始資料的個數相符，否則即有錯誤，應立即檢查錯誤的出處，並予以更正，至此整理工作即告完成．

註：有關組限的寫法，本書採用不含上限的規定．

雖然次數分配表大致上能顯現出資料的分配情形，但是直方圖更能表現出它的特徵．直方圖的畫法為：以變量為橫軸，按次數分配表的組限，將它劃分成若干線段 (即分組)，再以各組的組距為底，其對應的次數為高，畫出長方形，即為直方圖．

【例題 1】 某校有 60 位學生參加數學競試，成績如下：

```
80  82  65  74  89  56  77  84  80  83
70  78  90  74  79  71  92  83  69  60
73  72  56  65  84  88  70  86  55  76
45  81  63  69  59  48  90  82  51  75
85  88  75  86  61  73  53  63  84  82
92  71  81  41  59  78  76  86  63  90
```

(1) 試編製次數分配表 (組距：5 分)，並說明編製的步驟．
(2) 繪出直方圖．

【解】 (1) ① 求全距：最高 92 分，最低 41 分，故全距為 92－41＝51 分．

② 定組距或組數：依題目規定，組距為 5，故組數為 $\dfrac{全距}{組距}=\dfrac{51}{5}=$ 10.2 因而分為 11 組．

③ 定組限：以 40～45 為第一組，此組含最低分 41 分．然後以相同組距 5，定各組的上、下限，則第十一組的上限為 95．

④ 歸類：以劃記法將各項資料分別歸入適當的組內．

⑤ 計算次數：計算各組內所劃記的記號數，即得各組的次數，再合計求得總次數．今將所得結果如表 13-1 所示．

表 13-1　次數分配表

成績 (分)	劃　記	次　數
40～45	一	1
45～50	丅	2
50～55	丅丅	2
55～60	正	5
60～65	正	5
65～70	正	4
70～75	正正	9
75～80	正丅	8
80～85	正正丅	12
85～90	正丅	7
90～95	正	5
總　計		60

(2)

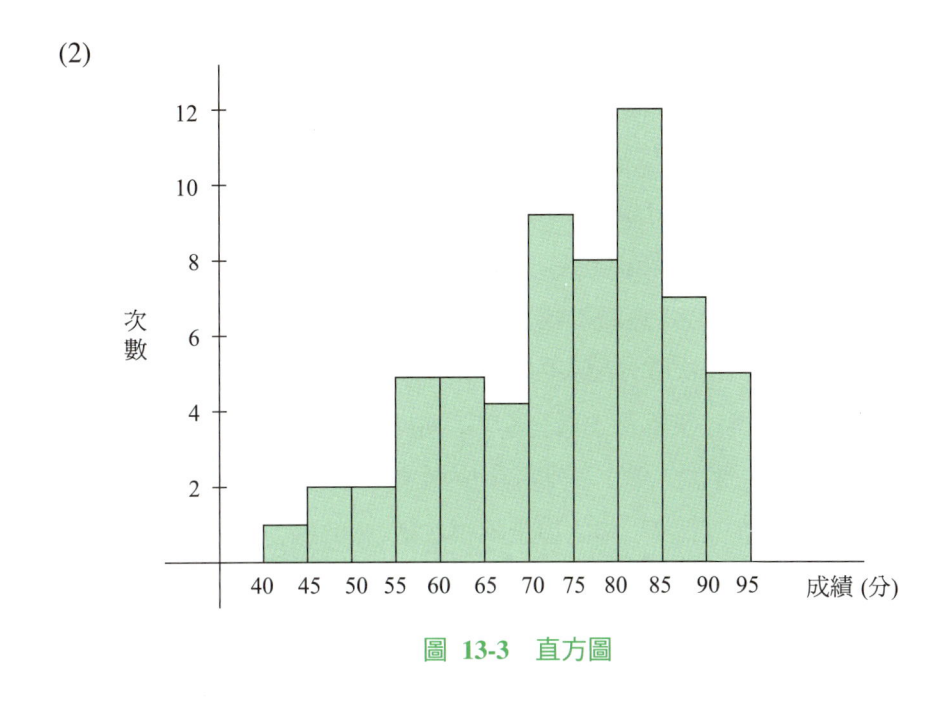

圖 13-3　直方圖

　　若以各組的組中點為橫坐標，各組的次數為縱坐標，描出一點，然後依次將各點用線段連接，所得圖形稱為次數分配的折線圖，如圖 13-3 所示，照樣能表現資料分配的特性．有時候，為了使折線圖封閉，我們可以在第一組之前與最後一組之後各補上次數為零的一個點．依據例題 1 所得次數分配表所繪成的折線圖如圖 13-4 所示．

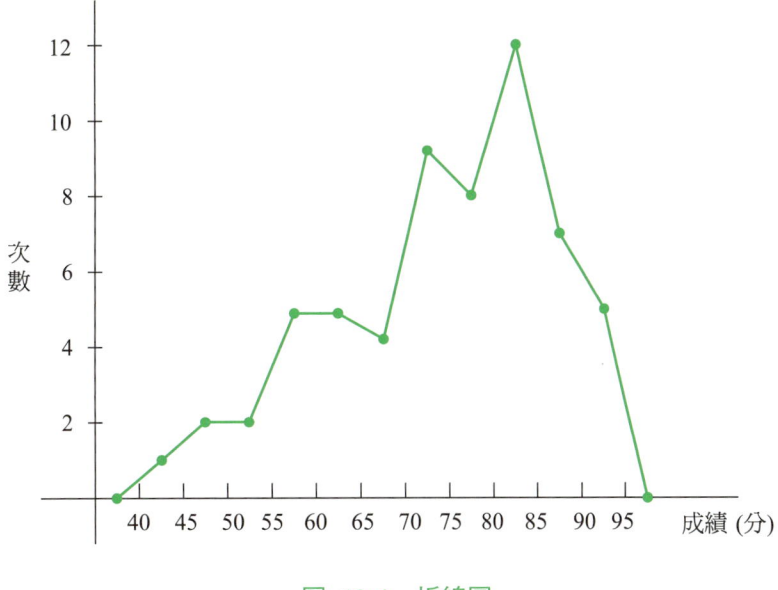

圖 13-4　折線圖

2. 累積次數分配曲線

上面所述次數分配表能夠讓我們瞭解到資料分配的狀況，然而，統計問題的研究，經常還須對具有某種特性以下或以上次數的多寡，做充分的瞭解與運用，所以，我們常常編製累積次數分配表以便獲得這分資訊。例如，我們在調查某班學生的數學成績時，所感興趣的不僅僅是學生的成績次數分配表，還有對不及格的總次數（人數）或 90 分以上的總次數（人數）也感到興趣，這時，我們可利用累積次數分配表來獲得此資訊。

就從小而大的組別而言，將次數分配表內各組的次數，由上而下順次累加後，將所得數值記入對應的組內，即得**以下累積次數分配表**，如表 13-2 所示。在 $L_i \sim U_i$ 組的以下累積次數，即為小於 U_i 的總次數。若將各組的次數，改換成由下而上順次累加，則得**以上累積次數分配表**。在 $L_i \sim U_i$ 組的以上累積次數，即為大於 L_i 的總次數。

表 13-2

組　別	次　數	以下累積次數	以上累積次數
$L_1 \sim U_1$	f_1	f_1	$f_1+f_2+f_3+\cdots+f_k$
$L_2 \sim U_2$	f_2	f_1+f_2	$f_2+f_3+\cdots+f_k$
$L_3 \sim U_3$	f_3	$f_1+f_2+f_3$	$f_3+\cdots+f_k$
$\vdots$	$\vdots$	$\vdots$	$\vdots$
$\vdots$	$\vdots$	$\vdots$	$\vdots$
$L_k \sim U_k$	f_k	$f_1+f_2+f_3+\cdots+f_k$	f_k
總　計	n		

累積次數分配曲線圖係根據累積次數分配表繪製而成的一種曲線圖。累積次數分配曲線圖有兩種，即以下累積次數分配曲線圖與以上累積次數分配曲線圖。

1. 以下累積次數分配曲線圖的作法，係以各組的上限為橫坐標，以和各該組對應的以下累積次數為縱坐標，在圖上定出各點的位置，然後用線段連接各點及第一組的下限點，即得以下累積次數分配曲線圖。

2. 以上累積次數分配曲線圖的作法，係以各組的下限為橫坐標，以和各該組對應的以上累積次數為縱坐標，在圖上定出各點的位置，然後連接各點以及最後一組上限與總次數所標示的點，即得以上累積次數分配曲線圖。

【例題 2】 某班 50 名學生的數學成績如下：

```
76  23  51  37  65  57  68  45  68  52
47  55  65  42  55  58  64  88  76  68
54  67  40  82  67  61  43  73  64  89
55  92  46  55  91  34  89  36  43  70
68  45  32  28  63  57  45  74  78  58
```

(1) 試編製次數分配表、以上累積次數分配表及以下累積次數分配表.
(2) 試繪出以上累積次數分配曲線圖及以下累積次數分配曲線圖.

【解】 (1)

表 13-3

成績 (分)	劃 記	次 數	以下累積次數	以上累積次數
20～30	丅	2	2	50
30～40	正	4	6	48
40～50	正正	9	15	44
50～60	正正一	11	26	35
60～70	正正丅	12	38	24
70～80	正一	6	44	12
80～90	正	4	48	6
90～100	丅	2	50	2

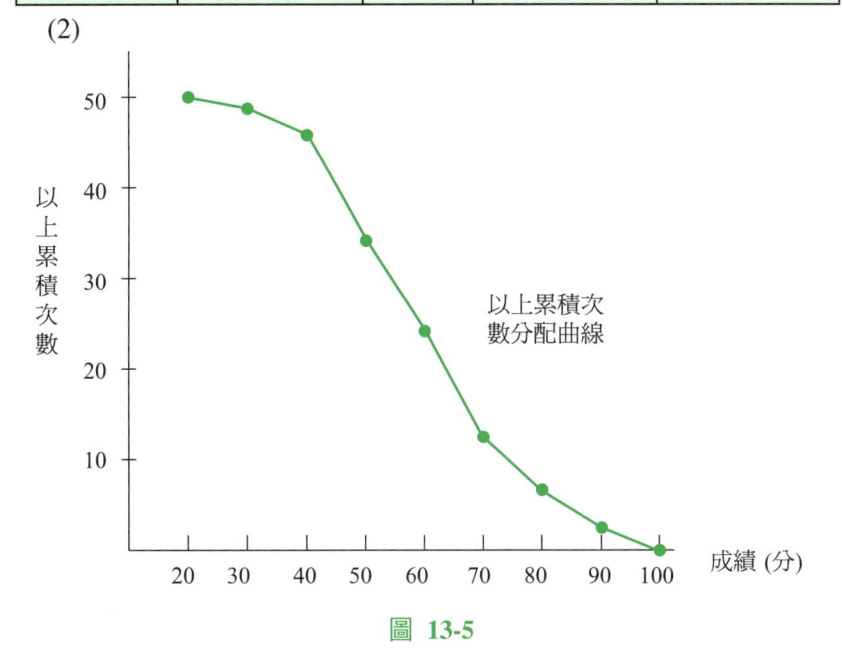

(2)

圖 13-5

170 數學（下）

以下累積次數分配曲線

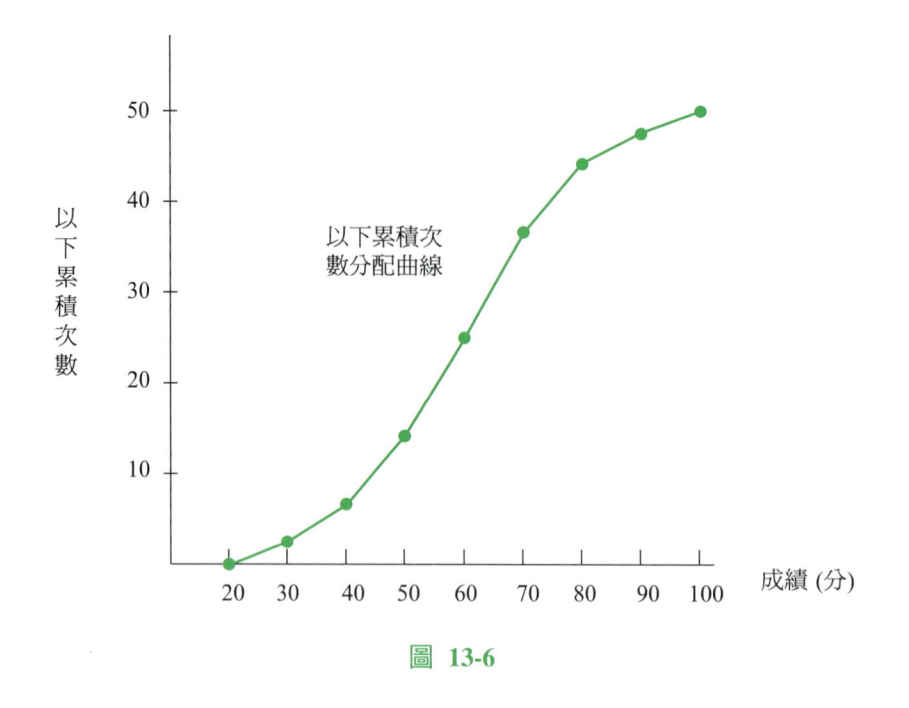

圖 13-6

習題 13-5

1. 某班 50 位學生的數學成績（單位：分）如下：

64	73	43	61	58	81	94	74	54	76	88	91	38	49
52	63	78	77	87	73	52	66	71	63	74	56	82	84
77	39	72	57	68	70	80	60	90	86	63	50	61	79
47	51	63	76	79	81	89	75						

(1) 試作出次數分配表，並說明製作過程.
(2) 試將次數分配表以直方圖表之.
(3) 試繪出次數曲線圖.

2. 某班有學生 45 人，數學競試成績（單位：分）如下：

38	62	53	26	68	82	86	62	66	23	52	56	76	46	77
58	66	49	46	75	43	42	56	57	39	54	69	68	58	51
58	66	25	56	64	49	68	78	61	45	63	34	46	57	68

(1) 全距為何？

(2) 今將 0～100 分，分成 10 組，組距為 10 分，試作次數分配表，並以直方圖表之.

3. 下面是 100 輛汽車通過高速公路某雷達測速器的速度 (單位：公里)：

72 83 82 90 86 109 69 93 107 77 82 81 72 79 75 100 86
90 83 91 115 89 82 65 76 75 67 87 75 64 85 93 81 76
64 91 73 86 101 85 80 98 85 78 96 84 90 84 73 72 95
70 65 76 70 88 92 87 85 88 66 78 73 75 99 76 68 80
82 70 72 79 81 108 88 86 74 74 70 73 65 72 75 74 69
73 99 80 112 83 105 69 98 89 104 65 74 62 65 67

試作次數分配表，並繪直方圖.

4. 某公司 50 名職員的年齡資料如下：

20 26 28 21 25 32 34 37 15 46 24 27 18
23 31 23 28 32 36 42 30 21 27 24 18 16
22 26 31 34 51 46 29 30 32 34 23 29 26
20 23 28 30 37 19 21 27 26 29 25

(1) 試作出以下累積次數分配表、以上累積次數分配表.
(2) 試將次數分配表以直方圖表之.
(3) 試繪出以下累積次數分配曲線圖、以上累積次數分配曲線圖.

5. 高速公路警察雷達偵測器測得 30 輛汽車通過時的速度 (單位：公里) 如下：

52 78 74 91 87 85 67 75 78 65 77 67 84 69 78
84 87 85 87 65 77 78 84 89 91 90 58 67 75 79

若將其分為八組，試作出以上累積次數分配表、以下累積次數分配表、以上累積次數分配曲線圖與以下累積次數分配曲線圖.

6. 某電子工廠約雇 150 名童工，每日薪資所得的次數分配表如下：

薪資 (元)	150~160	160~170	170~180	180~190	190~200	200~210	210~220	220~230	230~240	240~250	250~260	260~270	總計
人 數	3	5	7	16	18	23	24	20	20	8	4	2	150

(1) 試作出以下及以上累積次數分配表.

(2) 試繪出以下及以上累積次數分配曲線圖.

7. 某班計算機概論期中考成績 (單位：分) 如下：

60　90　80　55　75　45　75　95　95　80　80　65　45　30　60

95　80　80　70　86　90　40　25　45　80　68　80　66　60　65

57　52　62　73　73　66　84　73　55　70　65　42　84　63　48

70　70　70　50　60

試將 0～100 分分成 10 組，組距為 10 分，列出次數分配表、以上累積次數分配表及以下累積次數分配表，並作出以上及以下累積次數分配曲線圖.

8. 某國小六年級 50 名學童的體重分配表如下：

體重 (公斤)	次 數
36～38	4
38～40	10
40～42	6
42～44	10
44～46	16
46～48	1
48～50	3

試作出以下及以上累積次數分配表，並繪出以下及以上累積次數分配曲線圖.

13-6　集中量數

統計方法是將資料蒐集後，經過整理與分析，並解釋分析結果的科學方法．當資料經過蒐集、分類、製表之後，仍然需要加以分析與比較．可是，我們在分析與比較時，必須要有一個衡量的標準來作為分析的主要工具．在一般情況下，統計常常以一簡單的數量來代表整個母體的趨勢，作為統計分析的衡量標準．然而，由於母體中的個體彼此之間仍然有所差異，我們就很難以一個簡單的數量來顯示整體的共同特性．因此，為了瞭解母體的集中趨勢，我們常常以平均數來顯示這種特性．常用的平均數有：算術平均數與中位數．

一、算術平均數

我們現在給算術平均數的定義如下：

定義 13-13

> 設 n 個正數分別為 $x_1, x_2, \cdots, x_n$，則其算術平均數 $\bar{X}$ 定義為
>
> $$\bar{X} = \frac{1}{n}(x_1 + x_2 + \cdots + x_n) = \frac{1}{n}\sum_{i=1}^{n} x_i.$$

註：(1) 大寫希臘字母 $\sum$，讀作"sigma"，是求和記號．

(2) $\sum\limits_{i=1}^{n}(a_i \pm b_i) = \sum\limits_{i=1}^{n} a_i \pm \sum\limits_{i=1}^{n} b_i$

$\sum\limits_{i=1}^{n} ca_i = c\sum\limits_{i=1}^{n} a_i$ （c 為常數）

【例題 1】有九名學生的數學成績（單位：分）為 70，60，40，80，90，45，30，30，50 求其平均成績．

【解】平均成績為

$$\bar{X} = \frac{1}{9}(70+60+40+80+90+45+30+30+50) = 55 \text{（分）}.$$

一群數值中常有許多相同的數值，我們可將此相同的資料併在一起，作成次數分配表，再計算其算術平均數．設有 n 個數值資料的次數分配為

變量 X	$x_1, x_2, \cdots, x_k$	總　計
次數 f	$f_1, f_2, \cdots, f_n$	n

則其算術平均數為

$$\overline{X} = \frac{1}{n}(x_1 f_1 + x_2 f_2 + \cdots + x_k f_k) = \frac{1}{n}\sum_{i=1}^{k} x_i f_i.$$

【例題 2】　求下列數值資料的算術平均數．

7, 2, 6, 5, 4, 7, 5, 9, 8, 10,
9, 9, 12, 0, 1, 14, 12, 8, 6, 10

【解】　將數值資料按大小順序排列：

0, 1, 2, 4, 5, 5, 6, 6, 7, 7,
8, 8, 9, 9, 9, 10, 10, 12, 12, 14

算術平均數為

$$\overline{X} = \frac{1}{20}[0+1+2+4+(5\times 2)+(6\times 2)+(7\times 2)+(8\times 2)+(9\times 3)$$

$$+(10\times 2)+(12\times 2)+14]$$

$$= \frac{1}{20}(1+2+4+10+12+14+16+27+20+24+14)$$

$$= \frac{144}{20} = 7.2.$$

二、中位數

將一群數值資料按其大小順序排列後，位置居中的一數稱為中位數，以符號 Me 表之．

定義 13-14

設 n 個數值分別為 $x_1, x_2, \cdots, x_n$，按其大小順序排列為

$$x_{(1)} \leq x_{(2)} \leq x_{(3)} \leq \cdots \leq x_{(n)}$$

(1) 若 n 為正奇數，即 $n = 2k+1$，則定義中位數為

$$Me = x_{(k+1)} = x_{(n+1)/2}$$

(2) 若 n 為正偶數，即 $n = 2k$，則定義中位數為

$$Me = \frac{1}{2}[x_{(k)} + x_{(k+1)}] = \frac{1}{2}[x_{(n/2)} + x_{(n/2)+1}].$$

【例題 3】 求下列各組數值資料的中位數.

(1) 9, 3, 10, 6, 9, 7, 12

(2) 8, 7, 2, 6, 4, 5, 7, 7

【解】 (1) 將數值按大小排列為

3, 6, 7, 9, 9, 10, 12

因 $n = 7$，

故 $Me = x_{(7+1)/2} = x_{(4)} = 9$.

(2) 將數值按大小排列為

2, 4, 5, 6, 7, 7, 7, 8

因 $n = 8$，

故 $Me = \frac{1}{2}[x_{(8/2)} + x_{(8/2)+1}] = \frac{1}{2}(x_4 + x_5) = \frac{1}{2}(6+7) = 6.5.$ □

習題 13-6

1. 有十二家公司在某月份的銷售額 (千元) 為

895, 816, 783, 902, 887, 734, 615, 941, 718, 1046, 994, 1123

求平均銷售額.

2. 某人到三家商店買麵粉，這三家商店的價格如下：

$$甲店每斤\ 5\ 元$$
$$乙店每斤\ 10\ 元$$
$$丙店每斤\ 20\ 元$$

此人以兩個方法購買麵粉，第一種方法是每家各買一斤，第二種方法是每家各花 100 元買麵粉，試問：

(1) 當他以第一種方法購買麵粉時，其每斤的平均價格為何？

(2) 當他以第二種方法購買麵粉時，其每斤的平均價格為何？

3. 某國家最近連續 5 年的經濟成長率分別為 3%、4%、2%、2%、3%，求這 5 年平均成長率.

4. 某公司連續三年的營業額成長率依次為 -10%、20%、60%，若該公司三年的成長率平均為 $k\%$，則 k 為多少？

5. 設某一城鎮在西元 1990 年的人口為 10,000 人，西元 2000 年的人口為 20,000 人.

(1) 其平均人口成長率為多少？

(2) 按照這種成長率預估西元 2003 年的人口數.

6. 某人開車旅行 110 公里，在前 60 公里的時速為 80 公里.

(1) 若後 50 公里的時速為 100 公里，則平均時速為多少公里？

(2) 若希望平均時速為 90 公里，則後 50 公里的平均時速應為多少公里？

7. 甲、乙、丙三家水果店的葡萄價格每斤依次為 30 元、35 元及 50 元. 若每家買 60 斤，則每斤的平均價格為多少？

8. 求下列數值資料的中位數.

   2，7，5，6，4，7，5，9，8，10，9，9，12，0，1，14，12，10，8，6

9. 投擲骰子 100 次，將其結果記錄如下表：

點 數	1	2	3	4	5	6
次 數	10	25	20	20	10	15

若算術平均數為 a，中位數為 b，求 $a-b$.

13-7 離差量數

我們在分析一群數值資料時，除了考慮到它的集中趨勢外，更要注意其分散的情形，也就是所謂的離差．離差是表達資料分散狀況的量測，它是量測資料離中心點多遠的指標．例如，甲乙兩班英文期中考成績的算術平均數都是 70分，但甲班最低為 10 分，最高為 95 分，而乙班則全部都在 60 分與 90 分之間，顯然，甲乙兩班很不一樣．

本節介紹的離差統計量有全距、四分位差、變異數及標準差等．其中最常用的離差統計量是標準差，標準差愈小，資料就愈集中在平均數的附近；反之，標準差愈大，資料就愈分散．

一、全距

一群數值資料中，最大數減去最小數的差稱為全距．

1. 在未分組的數值資料中，將最大數減去最小數的差即為全距．
2. 在已分組的數值資料中，將最大組的上限減去最小組的下限的差即為全距．
3. 全距的優點：容易瞭解、計算簡單．
4. 全距的缺點：感應不靈敏、易受樣本個數的影響．

【例題 1】 已知一群數值資料如下：

$$2, 3, 1, 7, 8, 5, 9, 10$$

求其全距．

【解】 將數值資料由小到大排列為：

$$1, 2, 3, 5, 7, 8, 9, 10$$

全距＝10－1＝9．

二、標準差

一群數值資料中各項數值與其算術平均數的差稱為離均差，而各項數值之離均差平方的算術平均數稱為變異數，以 S^2 表之．變異數的平方根稱為標準差，以 S 表之．

設 n 個數值資料為 $x_1, x_2, \cdots, x_n$，則其標準差為

$$S = \sqrt{\frac{1}{n}\sum_{i=1}^{n}(x_i-\overline{X})^2} = \sqrt{\frac{1}{n}\sum_{i=1}^{n}(x_i^2-2\overline{X}x_i+\overline{X}^2)}$$

$$= \sqrt{\frac{1}{n}\sum_{i=1}^{n}x_i^2 - 2\overline{X}\left(\frac{1}{n}\sum_{i=1}^{n}x_i\right) + \frac{1}{n}\sum_{i=1}^{n}\overline{X}^2}$$

$$= \sqrt{\frac{1}{n}\sum_{i=1}^{n}x_i^2 - 2\overline{X}^2 + \overline{X}^2} = \sqrt{\frac{1}{n}\sum_{i=1}^{n}x_i^2 - \overline{X}^2}$$

其中 $\overline{X}$ 為 $x_1, x_2, \cdots, x_n$ 的算術平均數.

【例題2】 八位學生的成績為：

$$74, 63, 67, 80, 87, 55, 64, 70$$

求其標準差.

【解】 算術平均數為

$$\overline{X} = \frac{1}{8}(74+63+67+80+87+55+64+70)$$

$$= \frac{560}{8} = 70$$

故標準差為

$$S = \sqrt{\frac{1}{n}\sum_{i=1}^{n}(x_i-\overline{X})^2}$$

$$= \left\{\frac{1}{8}[(74-70)^2+(63-70)^2+(67-70)^2 \right.$$

$$\left. +(80-70)^2+(87-70)^2+(55-70)^2+(64-70)^2+(70-70)^2]\right\}^{1/2}$$

$$= \sqrt{\frac{1}{8}(16+49+9+100+289+225+36+0)}$$

$$= \sqrt{90.5} \approx 9.51.$$

標準差是衡量資料分散程度中最常用的差量,其特性如下:

1. 以算術平均數為中心的標準差,較以任何其他平均數為中心的標準差小.
2. 標準差的性質與算術平均數類似,易受極端值的影響.
3. 標準差易於從事代數運算.

標準差有下列的性質:

設 X 表示一群數值資料,S_X 表 X 的標準差,$bX+a$ 表示 X 數值的 b 倍另加 a 的一群資料,則:

1. 若 $S_X=0$,則 X 中的各數必全部相等.
2. $S_{X+a}=S_X$,即將一群資料平移後,其標準差不變.
3. $S_{bX}=|b|S_X$,即將一群資料 b 倍後,其標準差為原標準差的 $|b|$ 倍.
4. $S_{bX+a}=|b|S_X$,即將一群資料 b 倍後,再平移,其標準差為原標準差的 $|b|$ 倍.

證:1. 設 $\overline{X}$ 為 X 的算術平均數,n 為 X 的個數,$x_i \in X$. 若 $S_X=0$,則

$$S_X^2 = \frac{1}{n} \sum (x_i - \overline{X})^2 f_i = 0$$

可得 $x_i - \overline{X}=0$,即,$x_i = \overline{X}$,故 X 中的各數均相等.

2. $X+a$ 的算術平均數為 $\overline{X}+a$,

$$S_{X+a}^2 = \frac{1}{n} \sum [x_i + a - (\overline{X}+a)]^2 f_i$$

$$= \frac{1}{n} \sum (x_i - \overline{X})^2 f_i$$

故 $S_{X+a}=S_X$.

3. bX 的算術平均數為 $b\overline{X}$,

$$S_{bX}^2 = \frac{1}{n} \sum (bx_i - b\overline{X})^2 f_i = \frac{1}{n} \sum b^2 (x_i - \overline{X})^2 f_i$$

$$= \frac{b^2}{n} \sum (x_i - \overline{X})^2 f_i = b^2 \left[\frac{1}{n} \sum (x_i - \overline{X})^2 f_i \right]$$

$$= b^2 S_X^2$$

故 $S_{bX} = |b|S_X$.

4. $S_{bX+a} = S_{bX} = |b|S_X$.

習題 13-7

1. 班上 10 位學生生物抽考成績（單位：分）如下：

    60，93，71，82，67，79，58，85，86，80

    求全距及中位數.

2. 班上 9 位學生的身高（單位：公分）如下：

    155，158，160，166，167，169，170，171，172

    求全距及中位數.

3. 求數值資料 5，7，8，12，13，13，14，15，15，18 的標準差.

4. 六位作業員的日薪為 800 元、1,000 元、1,200 元、1,500 元、1,800 元、900 元，求六位日薪的標準差.

5. 已知 10 位學生的數學平均分數為 60 分，標準差為 4 分，若其中的 8 位得分為 54，56，57，58，60，61，64，65，求另 2 位的分數.

6. 求下列各組資料的標準差.

    X_1：2，4，7，12，15

    X_2：5，7，10，15，18

    X_3：6，12，21，36，45

    X_4：5，9，15，25，31

7. 某人在求出 21 個數值的算術平均數為 56、標準差為 3 之後，發現其中"66"這一個數必須刪除，如果不檢視原始資料，則刪除"66"這一個數後所剩 20 個數值的算術平均數為何？標準差為何？

8. 全班 20 位學生的數學競試成績的算術平均數為 43 分，標準差為 $\sqrt{15}$ 分，但甲生違背考場規定，其成績由 30 分改為 0 分，乙生與丙生各有一題閱錯，其成績分別由 10 分、25 分更正為 15 分、30 分，求更正後全班成績的算術平均數及標準差.

9. 兩組變量 $X(x_1, x_2, \cdots, x_n)$ 與 $Y(y_1, y_2, \cdots, y_n)$ 有 $y_i = -2x_i + 1$ 的關係，$i = 1, 2, \cdots, n$，且 X 的平均數為 8，中位數為 12，全距為 20，四分位差為 4，標準差為 3．求 Y 的平均數、中位數、全距、四分位差及標準差．

10. 今有一群資料 X 為：

$$1, 1, 2, 3, 5, 5, 7, 8, 9, 9$$

另一群資料 Y 為：

$$2001, 2001, 2002, 2003, 2005, 2005, 2007, 2008, 2009, 2009$$

求：

(1) X 的中位數．

(2) Y 的算術平均數．

(3) Y 的中位數．

(4) X 的標準差．

(5) Y 的標準差．

11. 今有一組資料 X 的算術平均數為 $\overline{X}$，標準差為 S_X，已知

$$Y = \frac{12(X - \overline{X})}{S_X} + 50$$

求 Y 的算術平均數及標準差．

附表 1　四位常用對數表

N	0	1	2	3	4	5	6	7	8	9
10	0000	0043	0086	0128	0170	0212	0253	0294	0334	0374
11	0414	0453	0492	0531	0569	0607	0645	0682	0719	0755
12	0792	0828	0864	0899	0934	0969	1004	1038	1072	1106
13	1139	1173	1206	1239	1271	1303	1335	1367	1399	1430
14	1461	1492	1523	1553	1584	1614	1644	1673	1703	1732
15	1761	1790	1818	1847	1875	1903	1931	1959	1987	2014
16	2041	2068	2095	2122	2148	2175	2201	2227	2253	2279
17	2304	2330	2355	2380	2405	2430	2455	2480	2504	2529
18	2553	2577	2601	2625	2648	2672	2695	2718	2742	2765
19	2788	2810	2833	2856	2878	2900	2923	2945	2967	2989
20	3010	3032	3054	3075	3096	3118	3139	3160	3181	3201
21	3222	3243	3263	3284	3304	3324	3345	3365	3385	3404
22	3424	3444	3464	3483	3502	3522	3541	3560	3579	3598
23	3617	3636	3655	3674	3692	3711	3729	3747	3766	3784
24	3802	3820	3838	3856	3874	3892	3909	3927	3945	3962
25	3979	3997	4014	4031	4048	4068	4082	4099	4116	4133
26	4150	4166	4183	4200	4216	4232	4249	4265	4281	4298
27	4314	4330	4346	4362	4378	4393	4409	4425	4440	4456
28	4472	4487	4502	4518	4533	4548	4564	4579	4594	4609
29	4624	4639	4654	4669	4683	4698	4713	4728	4742	4757
30	4771	4786	4800	4814	4829	4843	4857	4871	4886	4900
31	4914	4928	4942	4955	4969	4983	4997	5011	5024	5038
32	5051	5065	5079	5092	5105	5119	5132	5145	5159	5172
33	5185	5198	5211	5224	5237	5250	5263	5276	5289	5302
34	5315	5328	5340	5353	5366	5378	5391	5403	5416	5428
35	5441	5453	5465	5478	5490	5502	5514	5527	5539	5551
36	5563	5575	5587	5599	5611	5623	5635	5647	5658	5670
37	5682	5694	5705	5717	5729	5740	5752	5763	5775	5786
38	5798	5809	5821	5832	5843	5855	5866	5877	5888	5899
39	5911	5922	5933	5944	5955	5966	5977	5988	5999	6010
40	6021	6031	6042	6053	6064	6075	6085	6096	6107	6117
41	6128	6138	6149	6160	6170	6180	6191	6201	6212	6222
42	6232	6243	6253	6263	6274	6284	6294	6304	6314	6325
43	6335	6345	6355	6365	6375	6385	6395	6405	6415	6425
44	6435	6444	6454	6464	6474	6484	6493	6503	6513	6522
45	6532	6542	6551	6561	6571	6580	6590	6599	6609	6618
46	6628	6637	6646	6656	6665	6675	6684	6693	6702	6712
47	6721	6730	6739	6749	6758	6767	6776	6785	6794	6803
48	6812	6821	6830	6839	6848	6857	6866	6875	6884	6893
49	6902	6911	6920	6928	6937	6946	6955	6964	6972	6981
N	0	1	2	3	4	5	6	7	8	9

附表 1　四位常用對數表

N	0	1	2	3	4	5	6	7	8	9
50	6990	6998	7007	7016	7024	7033	7042	7050	7059	7067
51	7076	7084	7093	7101	7110	7118	7126	7135	7143	7152
52	7160	7168	7177	7185	7193	7202	7210	7218	7226	7235
53	7243	7251	7259	7267	7275	7284	7292	7300	7308	7316
54	7324	7332	7340	7348	7356	7364	7372	7380	7388	7396
55	7404	7412	7419	7427	7435	7443	7451	7459	7466	7474
56	7482	7490	7497	7505	7513	7520	7528	7536	7543	7551
57	7559	7566	7574	7582	7589	7597	7604	7612	7619	7627
58	7634	7642	7649	7657	7664	7672	7679	7686	7694	7701
59	7709	7716	7723	7731	7738	7745	7752	7760	7767	7774
60	7782	7789	7796	7803	7810	7818	7825	7832	7839	7846
61	7853	7860	7868	7875	7882	7889	7896	7903	7910	7917
62	7924	7931	7938	7945	7952	7959	7966	7973	7980	7987
63	7993	8000	8007	8014	8021	8028	8035	8041	8048	8055
64	8062	8069	8075	8082	8089	8096	8102	8109	8116	8122
65	8129	8136	8142	8149	8156	8162	8169	8176	8182	8189
66	8195	8202	8209	8215	8222	8228	8235	8241	8248	8254
67	8261	8267	8274	8280	8287	8293	8299	8306	8312	8319
68	8325	8331	8338	8344	8351	8357	8363	8370	8376	8382
69	8388	8395	8401	8407	8414	8420	8426	8432	8439	8445
70	8451	8457	8463	8470	8476	8482	8488	8494	8500	8506
71	8513	8519	8525	8531	8537	8543	8549	8555	8561	8567
72	8573	8579	8585	8591	8597	8603	8609	8615	8621	8627
73	8633	8639	8645	8651	8657	8663	8669	8675	8681	8686
74	8692	8698	8704	8710	8716	8722	8727	8733	8739	8745
75	8751	8756	8762	8768	8774	8779	8785	8791	8797	8802
76	8808	8814	8820	8825	8831	8837	8842	8848	8854	8859
77	8865	8871	8876	8882	8887	8893	8899	8904	8910	8915
78	8921	8927	8932	8938	8943	8949	8954	8960	8965	8971
79	8976	8982	8987	8993	8998	9004	9009	9015	9020	9025
80	9031	9036	9042	9047	9053	9058	9063	9069	9074	9079
81	9085	9090	9096	9101	9106	9112	9117	9122	9128	9133
82	9138	9143	9149	9154	9159	9165	9170	9175	9180	9186
83	9191	9196	9201	9206	9212	9217	9222	9227	9232	9238
84	9243	9248	9253	9258	9263	9269	9274	9279	9284	9289
85	9294	9299	9304	9309	9315	9320	9325	9330	9335	9340
86	9345	9350	9355	9360	9365	9370	9375	9380	9385	9390
87	9395	9400	9405	9410	9415	9420	9425	9430	9435	9440
88	9445	9450	9455	9460	9465	9469	9474	9479	9484	9489
89	9494	9499	9504	9509	9513	9518	9523	9528	9533	9538
90	9542	9547	9552	9557	9562	9566	9571	9576	9581	9586
91	9590	9595	9600	9605	9609	9614	9619	9624	9628	9633
92	9638	9643	9647	9652	9657	9661	9666	9671	9675	9680
93	9685	9689	9694	9699	9703	9708	9713	9717	9722	9727
94	9731	9736	9741	9745	9750	9754	9759	9763	9768	9773
95	9777	9782	9786	9791	9795	9800	9805	9809	9814	9818
96	9823	9827	9832	9836	9841	9845	9850	9854	9859	9863
97	9868	9872	9877	9881	9886	9890	9894	9899	9903	9908
98	9912	9917	9921	9926	9930	9934	9939	9943	9948	9952
99	9956	9961	9965	9969	9974	9978	9983	9987	9991	9996
N	0	1	2	3	4	5	6	7	8	9

附表 2　指數函數表

x	e^x	e^{-x}	x	e^x	e^{-x}	x	e^x	e^{-x}	x	e^x	e^{-x}
.00	1.0000	1.00000	.40	1.4918	.67032	.80	2.2255	.44933	3.00	20.086	.04979
.01	1.0101	.99005	.41	1.5068	.66365	.81	2.2479	.44486	3.10	22.198	.04505
.02	1.0202	.98020	.42	1.5220	.65705	.82	2.2705	.44043	3.20	24.533	.04076
.03	1.0305	.97045	.43	1.5373	.65051	.83	2.2933	.43605	3.30	27.113	.03688
.04	1.0408	.96079	.44	1.5527	.64404	.84	2.3164	.43171	3.40	29.964	.03337
.05	1.0513	.95123	.45	1.5683	.63763	.85	2.3396	.42741	3.50	33.115	.03020
.06	1.0618	.94176	.46	1.5841	.63128	.86	2.3632	.42316	3.60	36.598	.02732
.07	1.0725	.93239	.47	1.6000	.62500	.87	2.3869	.41895	3.70	40.447	.02472
.08	1.0833	.92312	.48	1.6161	.61878	.88	2.4109	.41478	3.80	44.701	.02237
.09	1.0942	.91393	.49	1.6323	.61263	.89	2.4351	.41066	3.90	49.402	.02024
.10	1.1052	.90484	.50	1.6487	.60653	.90	2.4596	.40657	4.00	54.598	.01832
.11	1.1163	.89583	.51	1.6653	.60050	.91	2.4843	.40252	4.10	60.340	.01657
.12	1.1275	.88692	.52	1.6820	.59452	.92	2.5093	.39852	4.20	66.686	.01500
.13	1.1388	.87809	.53	1.6989	.58860	.93	2.5345	.39455	4.30	73.700	.01357
.14	1.1503	.86936	.54	1.7160	.58275	.94	2.5600	.39063	4.40	81.451	.01227
.15	1.1618	.86071	.55	1.7333	.57695	.95	2.5857	.38674	4.50	90.017	.01111
.16	1.1735	.85214	.56	1.7507	.57121	.96	2.6117	.38289	4.60	99.484	.01005
.17	1.1853	.84366	.57	1.7683	.56553	.97	2.6379	.37908	4.70	109.95	.00910
.18	1.1972	.83527	.58	1.7860	.55990	.98	2.6645	.37531	4.80	121.51	.00823
.19	1.2092	.82696	.59	1.8040	.55433	.99	2.6912	.37158	4.90	134.29	.00745
.20	1.2214	.81873	.60	1.8221	.54881	1.00	2.7183	.36788	5.00	148.41	.00674
.21	1.2337	.81058	.61	1.8404	.54335	1.10	3.0042	.33287	5.10	164.02	.00610
.22	1.2461	.80252	.62	1.8589	.53794	1.20	3.3201	.30119	5.20	181.27	.00552
.23	1.2586	.79453	.63	1.8776	.53259	1.30	3.6693	.27253	5.30	200.34	.00499
.24	1.2712	.78663	.64	1.8965	.52729	1.40	4.0552	.24660	5.40	221.41	.00452
.25	1.2840	.77880	.65	1.9155	.52205	1.50	4.4817	.22313	5.50	244.69	.00409
.26	1.2969	.77105	.66	1.9348	.51685	1.60	4.9530	.20190	5.60	270.43	.00370
.27	1.3100	.76338	.67	1.9542	.51171	1.70	5.4739	.18268	5.70	298.87	.00335
.28	1.3231	.75578	.68	1.9739	.50662	1.80	6.0496	.16530	5.80	330.30	.00303
.29	1.3364	.74826	.69	1.9937	.50158	1.90	6.6859	.14957	5.90	365.04	.00274
.30	1.3499	.74082	.70	2.0138	.49659	2.00	7.3891	.13534	6.00	403.43	.00248
.31	1.3634	.73345	.71	2.0340	.49164	2.10	8.1662	.12246	6.25	518.01	.00193
.32	1.3771	.72615	.72	2.0544	.48675	2.20	9.0250	.11080	6.50	665.14	.00150
.33	1.3910	.71892	.73	2.0751	.48191	2.30	9.9742	.10026	6.75	854.06	.00117
.34	1.4049	.71177	.74	2.0959	.47711	2.40	11.023	.09072	7.00	1096.6	.00091
.35	1.4191	.70469	.75	2.1170	.47237	2.50	12.182	.08208	7.50	1808.0	.00055
.36	1.4333	.69768	.76	2.1383	.46767	2.60	13.464	.07427	8.00	2981.0	.00034
.37	1.4477	.69073	.77	2.1598	.46301	2.70	14.880	.06721	8.50	4914.8	.00020
.38	1.4623	.68386	.78	2.1815	.45841	2.80	16.445	.06081	9.00	8103.1	.00012
.39	1.4770	.67706	.79	2.2034	.45384	2.90	18.174	.05502	9.50	13360	.00007

附表 3　自然對數表

n	$\ln n$	n	$\ln n$	n	$\ln n$
0.0	—	4.5	1.5041	9.0	2.1972
0.1	−2.3026	4.6	1.5261	9.1	2.2083
0.2	−1.6094	4.7	1.5476	9.2	2.2192
0.3	−1.2040	4.8	1.5686	9.3	2.2300
0.4	−0.9163	4.9	1.5892	9.4	2.2407
0.5	−0.6931	5.0	1.6094	9.5	2.2513
0.6	−0.5108	5.1	1.6292	9.6	2.2618
0.7	−0.3567	5.2	1.6487	9.7	2.2721
0.8	−0.2231	5.3	1.6677	9.8	2.2824
0.9	−0.1054	5.4	1.6864	9.9	2.2925
1.0	0.0000	5.5	1.7047	10	2.3026
1.1	0.0953	5.6	1.7228	11	2.3979
1.2	0.1823	5.7	1.7405	12	2.4849
1.3	0.2624	5.8	1.7579	13	2.5649
1.4	0.3365	5.9	1.7750	14	2.6391
1.5	0.4055	6.0	1.7918	15	2.7081
1.6	0.4700	6.1	1.8083	16	2.7726
1.7	0.5306	6.2	1.8245	17	2.8332
1.8	0.5878	6.3	1.8405	18	2.8904
1.9	0.6419	6.4	1.8563	19	2.9444
2.0	0.6931	6.5	1.8718	20	2.9957
2.1	0.7419	6.6	1.8871	25	3.2189
2.2	0.7885	6.7	1.9021	30	3.4012
2.3	0.8329	6.8	1.9169	35	3.5553
2.4	0.8755	6.9	1.9315	40	3.6889
2.5	0.9163	7.0	1.9459	45	3.8067
2.6	0.9555	7.1	1.9601	50	3.9120
2.7	0.9933	7.2	1.9741	55	4.0073
2.8	1.0296	7.3	1.9879	60	4.0943
2.9	1.0647	7.4	2.0015	65	4.1744
3.0	1.0986	7.5	2.0149	70	4.2485
3.1	1.1314	7.6	2.0281	75	4.3175
3.2	1.1632	7.7	2.0412	80	4.3820
3.3	1.1939	7.8	2.0541	85	4.4427
3.4	1.2238	7.9	2.0669	90	4.4998
3.5	1.2528	8.0	2.0794	95	4.5539
3.6	1.2809	8.1	2.0919	100	4.6052
3.7	1.3083	8.2	2.1041	200	5.2983
3.8	1.3350	8.3	2.1163	300	5.7038
3.9	1.3610	8.4	2.1282	400	5.9915
4.0	1.3863	8.5	2.1401	500	6.2146
4.1	1.4110	8.6	2.1518	600	6.3069
4.2	1.4351	8.7	2.1633	700	6.5511
4.3	1.4586	8.8	2.1748	800	6.6846
4.4	1.4816	8.9	2.1861	900	6.8024

附表 4　三角函數值表

度	分	sin	cos	tan	cot	sec	csc	度	分
11	00	0.1908	0.9816	0.1944	5.1446	1.0187	5.2408	79	00
11	10	0.1937	0.9811	0.1974	5.0658	1.0193	5.1636	78	50
11	20	0.1965	0.9805	0.2004	4.9894	1.0199	5.0886	78	40
11	30	0.1994	0.9799	0.2035	4.9152	1.0205	5.0159	78	30
11	40	0.2022	0.9793	0.2065	4.8430	1.0211	4.9452	78	20
11	50	0.2051	0.9787	0.2095	4.7729	1.0217	4.8765	78	10
12	00	0.2079	0.9781	0.2126	4.7046	1.0223	4.8097	78	00
12	10	0.2108	0.9775	0.2156	4.6382	1.0230	4.7448	77	50
12	20	0.2136	0.9769	0.2186	4.5736	1.0236	4.6817	77	40
12	30	0.2164	0.9763	0.2217	4.5107	1.0243	4.6202	77	30
12	40	0.2193	0.9757	0.2247	4.4494	1.0249	4.5604	77	20
12	50	0.2221	0.9750	0.2278	4.3897	1.0256	4.5022	77	10
13	00	0.2250	0.9744	0.2309	4.3315	1.0263	4.4454	77	00
13	10	0.2278	0.9737	0.2339	4.2747	1.0270	4.3901	76	50
13	20	0.2306	0.9730	0.2370	4.2193	1.0277	4.3362	76	40
13	30	0.2334	0.9724	0.2401	4.1653	1.0284	4.2837	76	30
13	40	0.2363	0.9717	0.2432	4.1126	1.0291	4.2324	76	20
13	50	0.2391	0.9710	0.2462	4.0611	1.0299	4.1824	76	10
14	00	0.2419	0.9703	0.2493	4.0108	1.0306	4.1336	76	00
14	10	0.2447	0.9696	0.2524	3.9617	1.0314	4.0859	75	50
14	20	0.2476	0.9689	0.2555	3.9136	1.0321	4.0394	75	40
14	30	0.2504	0.9681	0.2586	3.8667	1.0329	3.9939	75	30
14	40	0.2532	0.9674	0.2617	3.8208	1.0337	3.9495	75	20
14	50	0.2560	0.9667	0.2648	3.7760	1.0345	3.9061	75	10
15	00	0.2588	0.9659	0.2679	3.7321	1.0353	3.8637	75	00
15	10	0.2616	0.9652	0.2711	3.6891	1.0361	3.8222	74	50
15	20	0.2644	0.9644	0.2742	3.6470	1.0369	3.7817	74	40
15	30	0.2672	0.9636	0.2773	3.6059	1.0377	3.7420	74	30
15	40	0.2700	0.9628	0.2805	3.5656	1.0386	3.7032	74	20
15	50	0.2728	0.9621	0.2836	3.5261	1.0394	3.6652	74	10
16	00	0.2756	0.9613	0.2867	3.4874	1.0403	3.6280	74	00
16	10	0.2784	0.9605	0.2899	3.4495	1.0412	3.5915	73	50
16	20	0.2812	0.9596	0.2931	3.4124	1.0421	3.5559	73	40
16	30	0.2840	0.9588	0.2962	3.3759	1.0429	3.5209	73	30
16	40	0.2868	0.9580	0.2994	3.3402	1.0439	3.4867	73	20
16	50	0.2896	0.9572	0.3026	3.3052	1.0448	3.4532	73	10
度	分	sin	cos	tan	cot	sec	csc	度	分

附表 4 三角函數值表

度	分	sin	cos	tan	cot	sec	csc	度	分
17	00	0.2924	0.9563	0.3057	3.2709	1.0457	3.4203	73	00
17	10	0.2952	0.9555	0.3089	3.2371	1.0466	3.3881	72	50
17	20	0.2979	0.9546	0.3121	3.2041	1.0476	3.3565	72	40
17	30	0.3007	0.9537	0.3153	3.1716	1.0485	3.3255	72	30
17	40	0.3035	0.9528	0.3185	3.1397	1.0495	3.2951	72	20
17	50	0.3062	0.9520	0.3217	3.1084	1.0505	3.2653	72	10
18	00	0.3090	0.9511	0.3249	3.0777	1.0515	3.2361	72	00
18	10	0.3118	0.9502	0.3281	3.0475	1.0525	3.2074	71	50
18	20	0.3145	0.9492	0.3314	3.0178	1.0535	3.1792	71	40
18	30	0.3173	0.9483	0.3346	2.9887	1.0545	3.1515	71	30
18	40	0.3201	0.9474	0.3378	2.9600	1.0555	3.1244	71	20
18	50	0.3228	0.9465	0.3411	2.9319	1.0566	3.0977	71	10
19	00	0.3256	0.9455	0.3443	2.9042	1.0576	3.0716	71	00
19	10	0.3283	0.9446	0.3476	2.8770	1.0587	3.0458	70	50
19	20	0.3311	0.9436	0.3508	2.8502	1.0598	3.0206	70	40
19	30	0.3338	0.9426	0.3541	2.8239	1.0608	2.9957	70	30
19	40	0.3365	0.9417	0.3574	2.7980	1.0619	2.9713	70	20
19	50	0.3393	0.9407	0.3607	2.7725	1.0631	2.9474	70	10
20	00	0.3420	0.9397	0.3640	2.7475	1.0642	2.9238	70	00
20	10	0.3448	0.9387	0.3673	2.7228	1.0653	2.9006	69	50
20	20	0.3475	0.9377	0.3706	2.6985	1.0665	2.8779	69	40
20	30	0.3502	0.9367	0.3739	2.6746	1.0676	2.8555	69	30
20	40	0.3529	0.9356	0.3772	2.6511	1.0688	2.8334	69	20
20	50	0.3557	0.9346	0.3805	2.6279	1.0700	2.8117	69	10
21	00	0.3584	0.9336	0.3839	2.6051	1.0711	2.7904	69	00
21	10	0.3611	0.9325	0.3872	2.5826	1.0723	2.7695	68	50
21	20	0.3638	0.9315	0.3906	2.5605	1.0736	2.7488	68	40
21	30	0.3665	0.9304	0.3939	2.5386	1.0748	2.7285	68	30
21	40	0.3692	0.9293	0.3973	2.5172	1.0760	2.7085	68	20
21	50	0.3719	0.9283	0.4006	2.4960	1.0773	2.6888	68	10
22	00	0.3746	0.9272	0.4040	2.4751	1.0785	2.6695	68	00
22	10	0.3773	0.9261	0.4074	2.4545	1.0798	2.6504	67	50
22	20	0.3800	0.9250	0.4108	2.4342	1.0811	2.6316	67	40
22	30	0.3827	0.9239	0.4142	2.4142	1.0824	2.6131	67	30
22	40	0.3854	0.9228	0.4176	2.3945	1.0837	2.5949	67	20
22	50	0.3881	0.9216	0.4210	2.3750	1.0850	2.5770	67	10
23	00	0.3907	0.9205	0.4245	2.3559	1.0864	2.5593	67	00
23	10	0.3934	0.9194	0.4279	2.3369	1.0877	2.5419	66	50
23	20	0.3961	0.9182	0.4314	2.3183	1.0891	2.5247	66	40
度	分	sin	cos	tan	cot	sec	csc	度	分

度	分	sin	cos	tan	cot	sec	csc	度	分
23	30	0.3987	0.9171	0.4348	2.2998	1.0904	2.5078	66	30
23	40	0.4014	0.9159	0.4383	2.2817	1.0918	2.4912	66	20
23	50	0.4041	0.9147	0.4417	2.2637	1.0932	2.4748	66	10
24	00	0.4067	0.9135	0.4452	2.2460	1.0946	2.4586	66	00
24	10	0.4094	0.9124	0.4487	2.2286	1.0961	2.4426	65	50
24	20	0.4120	0.9112	0.4522	2.2113	1.0975	2.4269	65	40
24	30	0.4147	0.9100	0.4557	2.1943	1.0989	2.4114	65	30
24	40	0.4173	0.9088	0.4592	2.1775	1.1004	2.3961	65	20
24	50	0.4200	0.9075	0.4628	2.1609	1.1019	2.3811	65	10
25	00	0.4226	0.9063	0.4663	2.1445	1.1034	2.3662	65	00
25	10	0.4253	0.9051	0.4699	2.1283	1.1049	2.3515	64	50
25	20	0.4279	0.9038	0.4734	2.1123	1.1064	2.3371	64	40
25	30	0.4305	0.9026	0.4770	2.0965	1.1079	2.3228	64	30
25	40	0.4331	0.9013	0.4806	2.0809	1.1095	2.3088	64	20
25	50	0.4358	0.9001	0.4841	2.0655	1.1110	2.2949	64	10
26	00	0.4384	0.8988	0.4877	2.0503	1.1126	2.2812	64	00
26	10	0.4410	0.8975	0.4913	2.0353	1.1142	2.2677	63	50
26	20	0.4436	0.8962	0.4950	2.0204	1.1158	2.2543	63	40
26	30	0.4462	0.8949	0.4986	2.0057	1.1174	2.2412	63	30
26	40	0.4488	0.8936	0.5022	1.9912	1.1190	2.2282	63	20
26	50	0.4514	0.8923	0.5059	1.9768	1.1207	2.2153	63	10
27	00	0.4540	0.8910	0.5095	1.9626	1.1223	2.2027	63	00
27	10	0.4566	0.8897	0.5132	1.9486	1.1240	2.1902	62	50
27	20	0.4592	0.8884	0.5169	1.9347	1.1257	2.1779	62	40
27	30	0.4617	0.8870	0.5206	1.9210	1.1274	2.1657	62	30
27	40	0.4643	0.8857	0.5243	1.9074	1.1291	2.1537	62	20
27	50	0.4669	0.8843	0.5280	1.8940	1.1308	2.1418	62	10
28	00	0.4695	0.8829	0.5317	1.8807	1.1326	2.1301	62	00
28	10	0.4720	0.8816	0.5354	1.8676	1.1343	2.1185	61	50
28	20	0.4746	0.8802	0.5392	1.8546	1.1361	2.1070	61	40
28	30	0.4772	0.8788	0.5430	1.8418	1.1379	2.0957	61	30
28	40	0.4797	0.8774	0.5467	1.8291	1.1397	2.0846	61	20
28	50	0.4823	0.8760	0.5505	1.8165	1.1415	2.0736	61	10
29	00	0.4848	0.8746	0.5543	1.8040	1.1434	2.0627	61	00
29	10	0.4874	0.8732	0.5581	1.7917	1.1452	2.0519	60	50
29	20	0.4899	0.8718	0.5619	1.7796	1.1471	2.0413	60	40
29	30	0.4924	0.8704	0.5658	1.7675	1.1490	2.0308	60	30
29	40	0.4950	0.8689	0.5696	1.7556	1.1509	2.0204	60	20
29	50	0.4975	0.8675	0.5735	1.7437	1.1528	2.0101	60	10
度	分	sin	cos	tan	cot	sec	csc	度	分

附表 4　三角函數值表

度	分	sin	cos	tan	cot	sec	csc	度	分
30	00	0.5000	0.8660	0.5774	1.7321	1.1547	2.0000	60	00
30	10	0.5025	0.8646	0.5812	1.7205	1.1566	1.9900	59	50
30	20	0.5050	0.8631	0.5851	1.7090	1.1586	1.9801	59	40
30	30	0.5075	0.8616	0.5890	1.6977	1.1606	1.9703	59	30
30	40	0.5100	0.8601	0.5930	1.6864	1.1626	1.9606	59	20
30	50	0.5125	0.8587	0.5969	1.6753	1.1646	1.9511	59	10
31	00	0.5150	0.8572	0.6009	1.6643	1.1666	1.9416	59	00
31	10	0.5175	0.8557	0.6048	1.6534	1.1687	1.9323	58	50
31	20	0.5200	0.8542	0.6088	1.6426	1.1707	1.9230	58	40
31	30	0.5225	0.8526	0.6128	1.6319	1.1728	1.9139	58	30
31	40	0.5250	0.8511	0.6168	1.6212	1.1749	1.9048	58	20
31	50	0.5275	0.8496	0.6208	1.6107	1.1770	1.8959	58	10
32	00	0.5299	0.8480	0.6249	1.6003	1.1792	1.8871	58	00
32	10	0.5324	0.8465	0.6289	1.5900	1.1813	1.8783	57	50
32	20	0.5348	0.8450	0.6330	1.5798	1.1835	1.8697	57	40
32	30	0.5373	0.8434	0.6371	1.5697	1.1857	1.8612	57	30
32	40	0.5398	0.8418	0.6412	1.5597	1.1879	1.8527	57	20
32	50	0.5422	0.8403	0.6453	1.5497	1.1901	1.8443	57	10
33	00	0.5446	0.8387	0.6494	1.5399	1.1924	1.8361	57	00
33	10	0.5471	0.8371	0.6536	1.5301	1.1946	1.8279	56	50
33	20	0.5495	0.8355	0.6577	1.5204	1.1969	1.8198	56	40
33	30	0.5519	0.8339	0.6619	1.5108	1.1992	1.8118	56	30
33	40	0.5544	0.8323	0.6661	1.5013	1.2015	1.8039	56	20
33	50	0.5568	0.8307	0.6703	1.4919	1.2039	1.7960	56	10
34	00	0.5592	0.8290	0.6745	1.4826	1.2062	1.7883	56	00
34	10	0.5616	0.8274	0.6787	1.4733	1.2086	1.7806	55	50
34	20	0.5640	0.8258	0.6830	1.4641	1.2110	1.7730	55	40
34	30	0.5664	0.8241	0.6873	1.4550	1.2134	1.7655	55	30
34	40	0.5688	0.8225	0.6916	1.4460	1.2158	1.7581	55	20
34	50	0.5712	0.8208	0.6959	1.4370	1.2183	1.7507	55	10
35	00	0.5736	0.8192	0.7002	1.4281	1.2208	1.7434	55	00
35	10	0.5760	0.8175	0.7046	1.4193	1.2233	1.7362	54	50
35	20	0.5783	0.8158	0.7089	1.4106	1.2258	1.7291	54	40
35	30	0.5807	0.8141	0.7133	1.4019	1.2283	1.7221	54	30
35	40	0.5831	0.8124	0.7177	1.3934	1.2309	1.7151	54	20
35	50	0.5854	0.8107	0.7221	1.3848	1.2335	1.7081	54	10
36	00	0.5878	0.8090	0.7265	1.3764	1.2361	1.7013	54	00
36	10	0.5901	0.8073	0.7310	1.3680	1.2387	1.6945	53	50
36	20	0.5925	0.8056	0.7355	1.3597	1.2413	1.6878	53	40
度	分	sin	cos	tan	cot	sec	csc	度	分

度	分	sin	cos	tan	cot	sec	csc	度	分
36	30	0.5948	0.8039	0.7400	1.3514	1.2440	1.6812	53	30
36	40	0.5972	0.8021	0.7445	1.3432	1.2467	1.6746	53	20
36	50	0.5995	0.8004	0.7490	1.3351	1.2494	1.6681	53	10
37	00	0.6018	0.7986	0.7536	1.3270	1.2521	1.6616	53	00
37	10	0.6041	0.7969	0.7581	1.3190	1.2549	1.6553	52	50
37	20	0.6065	0.7951	0.7627	1.3111	1.2577	1.6489	52	40
37	30	0.6088	0.7934	0.7673	1.3032	1.2605	1.6427	52	30
37	40	0.6111	0.7916	0.7720	1.2954	1.2633	1.6365	52	20
37	50	0.6134	0.7898	0.7766	1.2876	1.2661	1.6303	52	10
38	00	0.6157	0.7880	0.7813	1.2799	1.2690	1.6243	52	00
38	10	0.6180	0.7862	0.7860	1.2723	1.2719	1.6183	51	50
38	20	0.6202	0.7844	0.7907	1.2647	1.2748	1.6123	51	40
38	30	0.6225	0.7826	0.7954	1.2572	1.2778	1.6064	51	30
38	40	0.6248	0.7808	0.8002	1.2497	1.2807	1.6005	51	20
38	50	0.6271	0.7790	0.8050	1.2423	1.2837	1.5948	51	10
39	00	0.6293	0.7771	0.8098	1.2349	1.2868	1.5890	51	00
39	10	0.6316	0.7753	0.8146	1.2276	1.2898	1.5833	50	50
39	20	0.6338	0.7735	0.8195	1.2203	1.2929	1.5777	50	40
39	30	0.6361	0.7716	0.8243	1.2131	1.2960	1.5721	50	30
39	40	0.6383	0.7698	0.8292	1.2059	1.2991	1.5666	50	20
39	50	0.6406	0.7679	0.8342	1.1988	1.3022	1.5611	50	10
40	00	0.6428	0.7660	0.8391	1.1918	1.3054	1.5557	50	00
40	10	0.6450	0.7642	0.8441	1.1847	1.3086	1.5504	49	50
40	20	0.6472	0.7623	0.8491	1.1778	1.3118	1.5450	49	40
40	30	0.6494	0.7604	0.8541	1.1708	1.3151	1.5398	49	30
40	40	0.6517	0.7585	0.8591	1.1640	1.3184	1.5345	49	20
40	50	0.6539	0.7566	0.8642	1.1571	1.3217	1.5294	49	10
度	分	sin	cos	tan	cot	sec	csc	度	分

習題答案

第 9 章 三角函數

習題 9-1

1. $\sin\theta=\dfrac{\sqrt{3}}{2}$，$\tan\theta=\sqrt{3}$，$\cot\theta=\dfrac{\sqrt{3}}{3}$，$\sec\theta=2$，$\csc\theta=\dfrac{2\sqrt{3}}{3}$

2. $\sin\theta=\dfrac{2\sqrt{2}}{3}$，$\cos\theta=\dfrac{1}{3}$，$\cot\theta=\dfrac{1}{2\sqrt{2}}$，$\sec\theta=3$，$\csc\theta=\dfrac{3}{2\sqrt{2}}$

3. 略   4. (1) $\dfrac{3}{8}$ (2) $\dfrac{\sqrt{7}}{2}$ (3) $\dfrac{8}{3}$ 5. (1) $\dfrac{1}{3}$ (2) $\dfrac{\sqrt{15}}{3}$

6. $\sin\theta=\dfrac{\tan\theta}{\sqrt{1+\tan^2\theta}}$，$\cos\theta=\dfrac{1}{\sqrt{1+\tan^2\theta}}$

7. (1) 2   (2) 4   (3) 1   8. 略   9. 略   10. 略   11. 略   12. 略   13. 略

14. 0   15. $\dfrac{1}{4}$ 16. $\cos\theta=\sqrt{1-\sin\theta}$，$\tan\theta=\dfrac{\sin\theta}{\sqrt{1-\sin^2\theta}}$

習題 9-2

1. (1) $\dfrac{\sqrt{3}}{4}$ (2) $1+\dfrac{\sqrt{3}}{2}$ (3) 4   (4) -2 (5) $4\sqrt{3}+6$ (6) $\dfrac{\sqrt{3}}{2}$

2. 2

習題 9-3

1. (1) 第二象限　(2) 第三象限

2. 最大負角為 $-304°$，且為第一象限角　　**3.** $\phi = -1045°$

4. (1) 最小正同界角為 $315°$，最大負同界角為 $-45°$

　　(2) 最小正同界角為 $280°$，最大負同界角為 $-80°$

　　(3) 最小正同界角為 $327°$，最大負同界角為 $-33°$

　　(4) 最小正同界角為 $92°$，最大負同界角為 $-268°$

5. (1) $\sin\theta = \dfrac{4}{5}$，$\cos\theta = \dfrac{3}{5}$，$\tan\theta = \dfrac{4}{3}$，$\cot\theta = \dfrac{3}{4}$，$\sec\theta = \dfrac{5}{3}$，$\csc\theta = \dfrac{5}{4}$

　　(2) $\sin\theta = -\dfrac{1}{\sqrt{17}}$，$\cos\theta = -\dfrac{4}{\sqrt{17}}$，$\tan\theta = \dfrac{1}{4}$，$\cot\theta = 4$，

　　　$\sec\theta = -\dfrac{\sqrt{17}}{4}$，$\csc\theta = -\sqrt{17}$

　　(3) $\sin\theta = \dfrac{2}{\sqrt{5}}$，$\cos\theta = -\dfrac{1}{\sqrt{5}}$，$\tan\theta = -2$，$\cot\theta = -\dfrac{1}{2}$，

　　　$\sec\theta = -\sqrt{5}$，$\csc\theta = \dfrac{\sqrt{5}}{2}$

6. $\sin\theta = -\dfrac{\sqrt{10}}{10}$，$\cos\theta = -\dfrac{3}{10}\sqrt{10}$，$\cot\theta = 3$，$\sec\theta = -\dfrac{\sqrt{10}}{3}$，$\csc\theta = -\sqrt{10}$

7. $\sin\theta = -\dfrac{5}{13}$，$\tan\theta = -\dfrac{5}{12}$，$\cot\theta = -\dfrac{12}{5}$，$\sec\theta = \dfrac{13}{12}$，$\csc\theta = -\dfrac{13}{5}$

8. $\sin\theta = \dfrac{7}{25}$，$\cos\theta = \dfrac{24}{25}$ 或 $\sin\theta = -\dfrac{7}{25}$，$\cos\theta = -\dfrac{24}{25}$

9. $\sin\theta = \dfrac{1}{2}$，$\cos\theta = -\dfrac{\sqrt{3}}{2}$，$\cot\theta = -\sqrt{3}$，$\sec\theta = -\dfrac{2}{\sqrt{3}}$，$\csc\theta = 2$ 或

　　$\sin\theta = -\dfrac{1}{2}$，$\cos\theta = \dfrac{\sqrt{3}}{2}$，$\cot\theta = -\sqrt{3}$，$\sec\theta = \dfrac{2}{\sqrt{3}}$，$\csc\theta = -2$

10. $\dfrac{10}{13 - 2\sqrt{13}}$　　**11.** $-\dfrac{3\sqrt{40}}{31}$

12. (1) $\dfrac{\sqrt{3}}{2}$ (2) $-\dfrac{1}{2}$ (3) $-\dfrac{1}{\sqrt{3}}$ (4) $-\dfrac{1}{2}$ (5) 1 (6) $-\dfrac{\sqrt{3}}{2}$

(7) $-\sqrt{3}$ (8) $\dfrac{1}{\sqrt{2}}$ (9) $-\dfrac{\sqrt{3}}{2}$ (10) $-\sqrt{3}$

13. $-\dfrac{1+4\sqrt{3}}{4}$ 14. 略   15. 略   16. $\dfrac{\sqrt{1-t^2}}{t}$ 17. $\sin\theta$

習題 9-4

1. (1) $\dfrac{\pi}{12}$ (2) $\dfrac{4}{5}\pi$ (3) 3π (4) 0.2519π

2. (1) $126°$ (2) $315°$ (3) $33°45'$ (4) $75°$ (5) $171°53'15''$

3. 最小正同界角為 $\dfrac{2\pi}{3}$，最大負同界角為 $-\dfrac{4\pi}{3}$

4. $\dfrac{3\sqrt{3}}{2}$ 5. $\dfrac{\sqrt{2}}{4}$ 6. 12.57   7. 42.7π (平方公分)

8. $\theta \doteqdot 36°40'$, $A = 200$ 平方公分   9. $s = 15.7$ 公分, $A = 117.81$ 平方公分

10. 60π 公尺   11. $-\dfrac{2\sqrt{3}}{3}$ 12. 1   13. 0.2308231

14. $-\dfrac{3}{2}$ 15. 0   16. 1

習題 9-5

1. 4π 2. $\dfrac{\pi}{2}$ 3. π 4. $\dfrac{\pi}{3}$ 5. $\dfrac{\pi}{2}$ 6. π 7. $\dfrac{2\pi}{3}$

8. π 9. $\dfrac{\pi}{2}$ 10. π 11. $\dfrac{2\pi}{5}$ 12. $\dfrac{\pi}{4}$ 13. 6π 14. π

15. 略   16. 略   17. 略   18. 略   19. 略   20. 略

習題 9-6

1. $13:11:(-7)$ 2. 3 3. $\sqrt{6}:\sqrt{3}:\sqrt{2}$ 4. $25\sqrt{3}$ 5. $\sqrt{3}$

6. $12:9:2$ 7. 1 8. $3:2:4$ 9. $\overline{BC}=\sqrt{2}, \angle C=\dfrac{\pi}{4}$

10. (1) 直角三角形 (2) 正三角形

習題 9-7

1. $25\sqrt{3}$ 公尺 2. 3.3 3. $40(\sqrt{2}+\sqrt{6})$ 公尺 4. $250(\sqrt{6}-\sqrt{2})$ 公尺

5. $2\sqrt{5}$ 公尺 6. $50\sqrt{15}$ 7. $100\sqrt{6}$ 8. 39.8173 9. 12.3573

10. (1) 0.2644 (2) 1.157 (3) -0.1965 11. (1) 0.9524 (2) $10°53'$

12. (1) 0.0489 (2) 0.2282

習題 9-8

1. (1) $2+\sqrt{3}$ (2) $2-\sqrt{3}$ 2. $\dfrac{\sqrt{2}}{2}$ 3. $\dfrac{56}{65}$ 4. $1, \dfrac{\pi}{4}$ 5. 2

6. 1 7. 4 8. $\tan\alpha=\sqrt{2}, \sin\alpha=\dfrac{\sqrt{6}}{3}$ 9. $\dfrac{\pi}{4}$ 10. 略 11. 1

12. -1 13. $2-\sqrt{3}$ 14. $-\dfrac{33}{65}$ 15. $\sqrt{3}$ 16. 略 17. 略

習題 9-9

1. $\pm\sqrt{\dfrac{5}{3}}$ 2. $-\dfrac{24}{25}, \dfrac{\sqrt{10}}{10}$ 3. $-\dfrac{1}{2}\sqrt{2-\sqrt{3}}$ 4. $\dfrac{4\sqrt{5}}{9}, \dfrac{7\sqrt{5}}{27}$

5. $\dfrac{3}{5}, -\dfrac{4}{5}, -\dfrac{3}{4}$ 6. $-\dfrac{3\sqrt{3}+4\sqrt{2}}{5}$ 7. $\dfrac{\sqrt{5}+1}{4}, \dfrac{1}{4}\sqrt{10-2\sqrt{5}}$

8. $-\dfrac{4}{5}, \dfrac{3}{5}$ 9. $-\dfrac{7}{25}$ 10. $\dfrac{1}{2}$ 11. $-\dfrac{3}{\sqrt{10}}$ 12. $\dfrac{1}{64}$

13. (1) $-\dfrac{24}{25}$　(2) $\dfrac{7}{25}$　(3) $-\dfrac{24}{7}$　　**14.** $k=1$　　**15.** 略

16. $\dfrac{1}{16}$

第 10 章　向量

習題 10-1

1. (1)　(2) 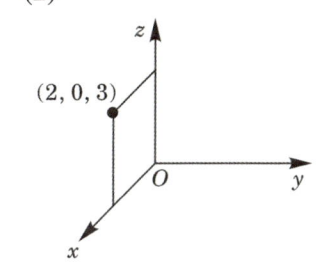　(3) 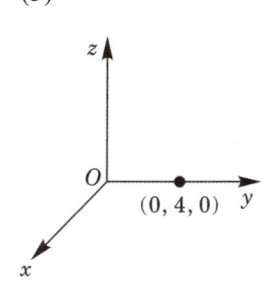　(4) 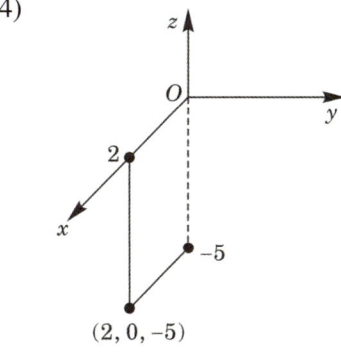　(5)

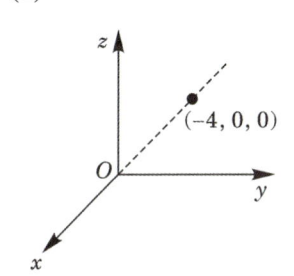

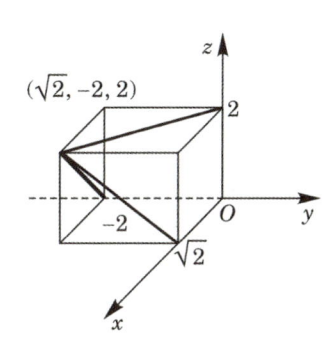

2. (1) yz-平面　(2) y-軸　(3) 負 x-軸　　**3.** 平行於 y-軸，$|PQ|=9$

4. (1) $\sqrt{83}$　(2) 3　　**5.** 略　　**6.** 略

習題 10-2

1. (1) $7\mathbf{b}+3\mathbf{c}=\langle 26,\ 4\rangle$　(2) $3(\mathbf{a}-7\mathbf{b})=\langle -39,\ -12\rangle$　(3) $3\mathbf{b}-(\mathbf{a}+\mathbf{c})=\langle -1,\ 0\rangle$

2. (1) $\mathbf{c}-\mathbf{b}=-\mathbf{i}+4\mathbf{j}-2\mathbf{k}$ (2) $6\mathbf{a}+4\mathbf{c}=18\mathbf{i}+12\mathbf{j}-6\mathbf{k}$
   (3) $-8(\mathbf{b}+\mathbf{c})=-2\mathbf{i}-16\mathbf{j}-18\mathbf{k}$ (4) $3\mathbf{c}-(\mathbf{b}-\mathbf{c})=-\mathbf{i}+13\mathbf{j}-2\mathbf{k}$

3. (1) $|\mathbf{a}+\mathbf{b}|=2\sqrt{3}$ (2) $|3\mathbf{a}-5\mathbf{b}+\mathbf{c}|=2\sqrt{37}$
   (3) $\dfrac{1}{|\mathbf{c}|}\mathbf{c}=\dfrac{1}{\sqrt{6}}\mathbf{i}+\dfrac{1}{\sqrt{6}}\mathbf{j}-\dfrac{2}{\sqrt{6}}\mathbf{k}$ (4) $\left|\dfrac{1}{|\mathbf{c}|}\mathbf{c}\right|=1$

4. $\mathbf{x}=<-\dfrac{2}{3},\ 1>$ 5. $\mathbf{a}=\dfrac{5}{7}\mathbf{i}+\dfrac{2}{7}\mathbf{j}+\dfrac{1}{7}\mathbf{k}$, $\mathbf{b}=\dfrac{8}{7}\mathbf{i}-\dfrac{1}{7}\mathbf{j}-\dfrac{4}{7}\mathbf{k}$

6. $c_1=2$, $c_2=-1$, $c_3=3$ 7. $\mathbf{u}=\dfrac{4}{3\sqrt{2}}\mathbf{i}+\dfrac{1}{3\sqrt{2}}\mathbf{j}-\dfrac{1}{3\sqrt{2}}\mathbf{k}$

8. $k=\pm\dfrac{4}{\sqrt{30}}$ 9. (1) 略 (2) $<\dfrac{3}{5},\ \dfrac{4}{5}>$ (3) $<\dfrac{2}{7},\ \dfrac{-3}{7},\ \dfrac{6}{7}>$

10. $c_1=c_2=c_3=0$

習題 10-3

1. (1) $\mathbf{a}\cdot\mathbf{b}=-3$ (2) $\mathbf{a}\cdot\mathbf{b}=0$ 2. (1) 銳角 (2) 鈍角 (3) 正交

3. (1) $k=-\dfrac{3}{4}$ (2) $k=\dfrac{1}{7}$ (3) $k=\dfrac{4}{3}$

4. $\mathbf{a}=2\vec{A}+\vec{B}$, $\mathbf{b}=\vec{A}-2\vec{B}$ 5. $\mathbf{a}=<0,\ 2>$, $\mathbf{a}=<2,\ 0>$

6. 1 7. $\dfrac{8}{3\sqrt{5}}$ 8. $\dfrac{2}{41}\mathbf{i}+\dfrac{4}{41}\mathbf{j}-\dfrac{12}{41}\mathbf{k}$ 9. 略 10. $\dfrac{2\sqrt{5}}{5}$

第 11 章 圓與直線

習題 11-1

1. $x^2+y^2-4y-21=0$ 2. $x^2+y^2+10x-6y+33=0$
3. $x^2+y^2-x-3y-6=0$ 4. $x^2+y^2+2x-8y+1=0$
5. $x^2+y^2-5x-7y+6=0$
6. 圓 7. 圓 8. 一點 9. 無圖形 10. 圓心 $(-3,\ -4)$, $r=\sqrt{39}$

11. 圓心 $(0, 2)$, $r=3$　　**12.** 圓心 $\left(-\dfrac{3}{2}, 0\right)$, $r=\dfrac{5}{2}$

13. (1) $k<\dfrac{5}{4}$　(2) $k=\dfrac{5}{4}$　(3) $k>\dfrac{5}{4}$　　**14.** $x^2+y^2+2x-4y-20=0$

15. 圓心坐標為 $(-d, -e)$，半徑為 $r=\sqrt{d^2+e^2-f}$ $(d^2+e^2-f>0)$

16. $x^2+y^2+2x-4y-20=0$

習題 11-2

1. (1) 圓與直線 L_1 相交於兩點　(2) 圓與直線 L_2 相切　(3) 圓與直線 L_3 相離

2. (i) $m>1$ 或 $m<-1$，直線 L 與 C 圓相交於二點.

(ii) $m=\pm 1$，直線 L 與 C 圓相切於一點.

(iii) $-1<m<1$，直線 L 與 C 圓相離.

3. $3x-y-20=0$　　**4.** $3x-4y+25=0$ 或 $4x+3y-25=0$

5. $(4, -1)$　　**6.** $3x-4y+28=0$ 或 $4x+3y+4=0$

7. (i) $x+y-2=0$ 與 $x^2+y=1$ 不相切　(ii) $x+y-2=0$ 與 $x^2+y^2=2$ 相切

8. (i) 當 $\Delta>0$ 時，交於二點，即 $|\lambda|<\dfrac{\sqrt{3}}{3}$.

(ii) 當 $\Delta=0$ 時與圓相切，即 $\lambda=\pm\dfrac{\sqrt{3}}{3}$.

(iii) 當 $\Delta<0$ 時與圓不相交，即 $|\lambda|>\dfrac{\sqrt{3}}{3}$.

9. k 為任意實數　　**10.** $a=-1\pm\sqrt{2}$　　**11.** $4x^2+4y^2+12x-32y+9=0$

12. $(x-3)^2+(y-4)^2=\dfrac{49}{5}$

13. (1) $k>4$ 或 $k<-26$　(2) $k=4$ 或 $k=-26$　(3) $-26<k<4$

第 12 章　排列與組合

習題　12-1

1. 60 個　　2. 20 種　　3. 30 種　　4. 略　　5. 18 種　　6. 15 種
7. 略　　8. 30 種　　9. 12 項　　10. 24 種　　11. 20 種

習題　12-2

1. 40 種　　2. 105 種　　3. 12 種　　4. 6 種　　5. 540 種　　6. 8 種
7. 36 種　　8. 256 種　　9. 432 種　　10. 96 種　　11. 24 種
12. 7 種　　13. 720 種　　14. 675 種　　15. 40 種　　16. 12 種　　17. 24 個

習題　12-3

1. 60 種　　2. 60 種　　3. P_{10}^{15} 種　　4. P_{10}^{15} 種　　5. 480 種
6. $P_5^{10} \times P_5^8 \times P_5^{10}$ 種　　7. (1) 720 種　(2) 240 種　(3) 2880 種
8. (1) 360　(2) 240　　9. 210 種　　10. 720 種　　11. 360 個　　12. 4^5 種
13. 3^5 種　　14. 5^6 種　　15. 3^7 種　　16. (1) 14400 種　(2) 2880 種
17. (1) 9! 種　(2) 768 種　(3) 2880 種　(4) 48 種
18. (1) $n=7$　(2) $n=3$　(3) $n=5$　(4) $n=7$
19. (1) 600 個　(2) 288 個　(3) 312 個　(4) 216 個
20. (1) 35 種　(2) 18 種

習題　12-4

1. (1) $n=6$　(2) $n=8$　(3) $n=1$ 或 3　　2. $n=15$，$r=5$
3. (1) 315 種　(2) 680 種　　4. (1) 28 條　(2) 56 個　(3) 20 個
5. 420 種　　6. 2200 種　　7. 352800 種
8. (1) 570　(2) 1020　(3) 480　　9. 90 個
10. (1) 161700 種　(2) 9506 種　(3) 9604 種
11. (1) 1680 種　(2) 12150 種　(3) 2520 種　(4) 1890 種
12. (1) 34650 種　(2) 49896 種　(3) 166320 種　(4) 16632 種　(5) 27720 種
13. (1) 35　(2) 126　(3) 495　　14. (1) H_3^3　(2) H_4^5　(3) H_6^1

15. 56 種　　**16.** (1) 3^{10} 種　(2) 66 種　　**17.** 286 種

18. 286 組，84 組　　**19.** 15 項，係數為 12

20. (1) 45 種　(2) 6561 種　　**21.** 540 種

習題　12-5

1. $16x^4 - 96x^3y + 216x^2y^2 - 216xy^3 + 81y^4$

2. $243x^{10} + 405x^7 + 270x^4 + 90x + 15 \cdot \dfrac{1}{x^2} + \dfrac{1}{x^5}$

3. $16x^4 + 96x^3y + 216x^2y^2 + 216xy^3 + 81y^4$

4. $-\dfrac{1792}{27}$　　**5.** $\dfrac{340}{9}$　　**6.** 略

第 13 章　機率與統計

習題　13-1

1. (1) $S = \{$正面，反面$\}$

(2) $S = \{$黑桃，鑽石，紅桃，梅花$\}$ 或 $S = \{1, 2, 3, 4, 5, \cdots, 13\}$

2. (1) $S = \{($正，正$), ($正，反$), ($反，正$), ($反，反$)\}$

(2) 樣本空間同 (1)

(3) $S = \{$兩個正面，一個正面一個反面，兩個反面$\}$

3. $S = \{(1, 1), (1, 2), (1, 3), (1, 4), (1, 5), (1, 6), (2, 1), (2, 2),$
$(2, 3), \cdots, (6, 6)\}$

4. (1) $E = \{(1, 6), (2, 5), (3, 4), (4, 3), (5, 2), (6, 1)\}$

(2) $F = \{(4, 6), (5, 5), (6, 4), (5, 6), (6, 5), (6, 6)\}$

(3) $G = \{(1, 2), (2, 1), (2, 2)\}$

(4) $H = \{(1, 1), (1, 2), (1, 3), (1, 4), (1, 5), (1, 6), (2, 1), (3, 1),$
$(4, 1), (5, 1), (6, 1)\}$

5. (1) $A \cup B \cup C$　(2) $A' \cup B' \cup C'$

6. (1) 事件 A 不發生　(2) A、B 二事件中至少有一事件發生

　(3) A、B 二事件同時發生　(4) 事件 A 發生時，B 必發生

　(5) 空事件

7. $S=\{(0, 0, 0), (0, 0, 1), (0, 1, 0), (1, 0, 0), (0, 1, 1), (1, 0, 1),$
　$(1, 1, 0), (1, 1, 1)\}$

　$E_1=\{(0, 0, 0)\}$，$E_2=\{(0, 0, 1), (0, 1, 0), (1, 0, 0)\}$

8. (i) $S=\{甲，乙，丙，丁\}$　(ii) $S=\{甲乙，甲丙，甲丁，乙丙，乙丁，丙丁\}$

9. 16 個　　10. 2^3 個　　11. 互斥事件

12. 樣本空間 S 的事件共有 $2^3=8$ 個

$S=\{\text{HHH, HHT, HTH, HTT, THH, THT, TTH, TTT}\}$

13. 樣本空間為 $S=\{\text{H, TH, TTH, TTTH}, \cdots\}$

14. 樣本空間為 $S=\{t \mid t \geq 0\}$

電燈泡使用壽命在 10 年內的事件 E 為 $E=\{t \mid 0 \leq t \leq 10\}$

15. 樣本空間為 $S=\{(男，男，男), (男，男，女), (男，女，男),$
　　　　　　　　　$(女，男，男), (男，女，女), (女，男，女),$
　　　　　　　　　$(女，女，男), (女，女，女)\}$

16. (1) 樣本空間為 $S=\{(正，正，正), (正，正，反), (正，反，正), (反，正，正),$
　　　　　　　　　$(正，反，反), (反，正，反), (反，反，正), (反，反，反)\}$

　(2) $A=\{(正，正，正), (正，正，反), (正，反，正), (反，正，正),$
　　　　　$(正，反，反), (反，正，反), (反，反，正)\}$

　(3) $B=\{(正，正，反), (正，反，正), (反，正，正)\}$

　(4) $A \cup B=A$　　(5) $A \cap B=B$

17. (1) 樣本空間為 $S=\{AB, AC, AD, AE, BC, BD, BE, CD, CE, DE\}$

其中共有 $C^5_2=10$ 個樣本.

　(2) 把母音 A、E 兩字母撇開，只從 B、C、D 中取兩個出來，就是取出的字母皆為子音之事件 $E_1=\{BC, BD, CD\}$，其中共有 $C^3_2=3$ 個樣本.

　(3) 自 A、E 中取出一個，再自 B、C、D 中取出一個，就湊成"取出的字母恰有一個為母音"的事件，$E_2=\{AB, AC, AD, EB, EC, ED\}$ 其中共有 $C^2_1 \times C^3_1=6$ 個樣本.

18. 樣本空間為 $S=\{$(正，正，正)，(正，正，反)，(正，反，正)，(反，正，正)，(正，反，反)，(反，正，反)，(反，反，正)，(反，反，反)$\}$

出現二正面的事件為 $E=\{$(正，正，反)，(正，反，正)，(反，正，正)$\}$

習題 13-2

1. $P(A)=\dfrac{1}{4}$，$P(B)=\dfrac{3}{4}$ 2. $\dfrac{1}{4}$ 3. $\dfrac{5}{36}$ 4. $\dfrac{255}{496}$ 5. (1) $\dfrac{3}{10}$ (2) $\dfrac{3}{5}$

6. $\dfrac{11}{21}$ 7. (1) $\dfrac{1}{11}$ (2) $\dfrac{6}{11}$ 8. (1) $P(B)=\dfrac{2}{3}$ (2) $P(A-B)=\dfrac{1}{12}$

9. $P(E_1\cap E_2)=\dfrac{1}{4}$，$P(E_1\cup E_2)=\dfrac{3}{4}$ 10. $\dfrac{37}{55}$

11. (1) $\dfrac{585}{1326}$ (2) $\dfrac{12781}{22100}$ 12. 略 13. $\dfrac{13}{51}$ 14. $\dfrac{P_8^{12}}{12^8}$

15. $\dfrac{1}{5}$ 16. (1) $\dfrac{1}{5}$ (2) $\dfrac{4}{45}$ (3) $\dfrac{7}{9}$ 17. (1) $\dfrac{1}{6}$ (2) $\dfrac{1}{66}$

18. $\dfrac{25}{833}$ 19. (1) $\dfrac{5}{8}$ (2) $\dfrac{1}{8}$ (3) $\dfrac{3}{8}$ 20. (1) $\dfrac{1}{2}$ (2) $\dfrac{7}{10}$

習題 13-3

1. (1) $P(B|A)=\dfrac{1}{10}$ (2) $P(A|B)=\dfrac{1}{6}$ (3) $P(A|B')=\dfrac{3}{8}$

2. $P(A|B')=\dfrac{7}{15}$ 3. $P(B|A)=\dfrac{2}{5}$，$P(A|B)=\dfrac{1}{3}$

4. $P(B|A)=\dfrac{3}{4}$，$P(A|B)=\dfrac{3}{4}$ 5. $P(B|A)=\dfrac{1}{6}$，$P(A|B)=\dfrac{3}{5}$

6. $P(B|A)=\dfrac{1}{3}$，$P(C|A\cap B)=\dfrac{1}{5}$ 7. $P(B|A)=\dfrac{3}{4}$

8. (1) $P(B|A)=\dfrac{1}{6}$ (2) $P(B'|A')=\dfrac{11}{14}$

9. $\dfrac{35}{1024}$ 10. $\dfrac{8}{15}$ 11. $\dfrac{4}{9}$ 12. $\dfrac{2}{5}$ 13. $\dfrac{3}{8}$

14. (1) $\dfrac{11}{32}$ (2) $\dfrac{4}{11}$ **15.** $\dfrac{2}{143}$ **16.** (1) $\dfrac{1}{22}$ (2) $\dfrac{1}{3}$

17. (1) $\dfrac{1}{20}$ (2) $\dfrac{53}{120}$ **18.** $\dfrac{19}{45}$ **19.** $\dfrac{23}{45}$ **20.** $\dfrac{893}{990}$

習題 13-4

1. 1 元　**2.** 5.15 元，購買此種彩券並不有利　**3.** 並不有利　**4.** 2 元　**5.** 2.625 元

6. 7 點　**7.** 22.5 元　**8.** 3　**9.** 11.1 元

10. (1) $X=0$，機率為 $\dfrac{1}{6}$　(2) $X=1$，機率為 $\dfrac{5}{18}$　(3) 期望值為 $\dfrac{35}{18}$

11. $n=7$　**12.** (1) $\dfrac{(k-1)(k-2)}{40}$　(2) $\dfrac{21}{4}$

13. 期望值為 9 元　**14.** 期望值為 $\dfrac{1}{3}(2n+1)$ 元　**15.** $t=325$

習題 13-5

1. (1) ① 全距：資料中最大者為 94，最小者為 38，故全距為 94－38＝56 (分)．

② 定組數：將全部資料分為 12 組．

③ 定組距：採用相等組距，因 $\dfrac{56}{12} \approx 4.7$，故取組距為 5．

④ 定組限：最小一組的下限必須小於 38 或等於 38，因此我們取最小一組的下限為 35，上限為 40；而最大一組的上限要大於或等於 94，因此我們取 95 為最大一組的上限．

⑤ 歸類劃記：在歸類劃記時，我們採用「每組不含上限的規定」．

⑥ 計算次數：算出各組的劃記數，即得各組的次數，所得次數分配表如下：

習題答案

成績(分)	劃記	次數
35～40	丅	2
40～45	一	1
45～50	丅	2
50～55	正	5
55～60	丅	3
60～65	正丅	8
65～70	丅	2
70～75	正丅	7
75～80	正丅	8
80～85	正	5
85～90	正	4
90～95	丅	3
總　計		50

(2) 略　　(3) 略

2. (1) 全距＝86－23＝63 分

(2)

成績(分)	劃記	次數
0～10		0
10～20		0
20～30	丅	3
30～40	丅	3
40～50	正丅	8
50～60	正正丅	12
60～70	正正丅	13
70～80	正	4
80～90	丅	2
90～100		0

3.

速度(公里)	次數
60～70	15
70～80	32
80～90	30
90～100	14
100～110	7
110～120	2

4. (1)

年　齡	劃　記	次　數	以下累積次數	以上累積次數
15～20	正	5	5	50
20～25	正正下	13	18	45
25～30	正正正	14	32	32
30～35	正正	11	43	18
35～40	下	3	46	7
40～45	一	1	47	4
45～50	丁	2	49	3
50～55	一	1	50	1

(2) 略　　(3) 略

5. 分 8 組，組距 5，最小一組的下限定為 52.

速度 (公里)	劃　記	次　數	以下累積次數	以上累積次數
52～57	一	1	1	30
57～62	一	1	2	29
62～67	丁	2	4	28
67～72	正	4	8	26
72～77	下	3	11	22
77～82	正丁	7	18	19
82～87	正	5	23	12
87～92	正丁	7	30	7

6. (1)

日薪(元)	劃　記	次　數	以下累積次數	以上累積次數
150～160	下	3	3	150
160～170	正	5	8	147
170～180	正丁	7	15	142
180～190	正正正一	16	31	135
190～200	正正正下	18	49	119
200～210	正正正正下	23	72	101
210～220	正正正正丅	24	96	78
220～230	正正正正	20	116	54
230～240	正正正正	20	136	34
240～250	正下	8	144	14
250～260	正	4	148	6
260～270	丁	2	150	2

(2) 略

7.

成績 (分)	次　數	以下累積次數	以上累積次數
20～30	1	1	50
30～40	1	2	49
40～50	6	8	48
50～60	5	13	42
60～70	12	25	37
70～80	10	35	25
80～90	10	45	15
90～100	5	50	5

8.

體重 (公斤)	次　數	以下累積次數	以上累積次數
36～38	4	4	50
38～40	10	14	46
40～42	6	20	36
42～44	10	30	30
44～46	16	46	20
46～48	1	47	4
48～50	3	50	3

習題 13-6

1. $\bar{X}=871.17$ 千元　**2.** (1) $\bar{X} \approx 11.7$ 元　(2) $W \approx 8.6$ 元　**3.** $G=2.8\%$　**4.** $k=20$.

5. (1) $r \approx 7.2\%$　(2) $P \approx 24637$ 人　**6.** (1) 88 公里/小時　(2) $\dfrac{1800}{17}$ 公里/小時

7. $\dfrac{115}{3}$ 元/斤　**8.** $Me=7.5$　**9.** $a-b=0.4$

習題 13-7

1. 全距＝35 分，$Me=79.5$ 分

2. 全距＝17 公分，中位數＝167 公分

3. 標準差為 3.87

4. 標準差為 351.18

5. 58 分，67 分
6. $S_1 \approx 4.86$，$S_2 \approx 4.86$，$S_3 = 14.58$，$S_4 = 9.72$
7. $\overline{X}_{20} = 55.5$，$S_{20} = \sqrt{8.7} \approx 2.95$
8. $\overline{X} = 42$ 分，$S \approx 16.88$ 分
9. $\overline{Y} = -15$，Y 的中位數 $Me = -23$，全距 $= 40$，$Q.D. = 8$，$S_Y = 6$
10. (1) X 的中位數 $= 5$　(2) $\overline{Y} = 2005$　(3) Y 的中位數 $= 2005$
    (4) $S_X = \sqrt{10}$　(5) $S_Y = \sqrt{10}$
11. $\overline{Y} = 50$，$S_Y = 12$

索 引

x- 分量　*x*-component　75
y - 分量　*y*-component　75
z - 分量　*z*-component　75

三　劃

三角不等式　triangle inequality　85
三角函數　trigonometric function　2

四　劃

不等式　inequality　85
內積　inner product　80
分量　component　73
切線　tangent line　98
方向角　direction angle　84
方向餘弦　direction cosine　84

五　劃

半角公式　half angle formula　61
正切　tangent　2
正交　quadrature　82
正弦　sine　2
正弦定理　Sine theorem　37
正割　secant (=sec)　2

六　劃

同界角　coterminal angles　11
向量　vector　71
有向角　directed angle　10

七　劃

坐標　coordinate　69
坐標平面　coordinate plane　69
坐標軸　coordinate axis　68

八　劃

卦限　octant　69
和差化積公式　sum-to-product formula　63
始點　initial point　72
始邊　initial side　10
弧長　arc length　24
直角　right angle　68
直角坐標系　rectangular Cartesian coordinates　68

九　劃

相等　equality　72
倍角公式　double angle formula　60

十　劃

原點　origin　68
純量　scalar　71
純量積　scalar product　80
逆向量　inverse vector　72

十一　劃

商高定理　Pythagorean theorem　3
斜邊　hypotenuse　2

207

旋轉方向　rotating direction　10
終點　nishing point　72
終邊　terminal side　10
頂點　vertex　69

十二劃

割線　secant line　98
單位向量　unit vector　77
等腰三角形　isosceles triangle　42
虛圓　imaginary circle　93
象限角　quadrant angle　12, 21
週期　period　29
週期函數　periodic function　29
鈍角　obtuse angle　12

十三劃

圓　circle　90
圓心　center of circle　90
圓心角　central angle　24
圓的一般式　equation of circle in general form　93
圓的判別式　equation of circle in discriminant　93

圓的標準式　equation of circle in standard form　90
零向量　null vector　72

十四劃

對稱圖形　symmetric gure　36
對邊　opposite side　2

十五劃

廣義角　generalized angle　11
標準位置　standard position　12
標準位置角　angle in standard position　12
鄰邊　adjacent side　2
銳角　acute angle　2
餘切　cotangent　2
餘弦　cosine　2
餘割　cosecant　2

十七劃

點圓　point circle　93
點積　dot product　80

MEMO

MEMO

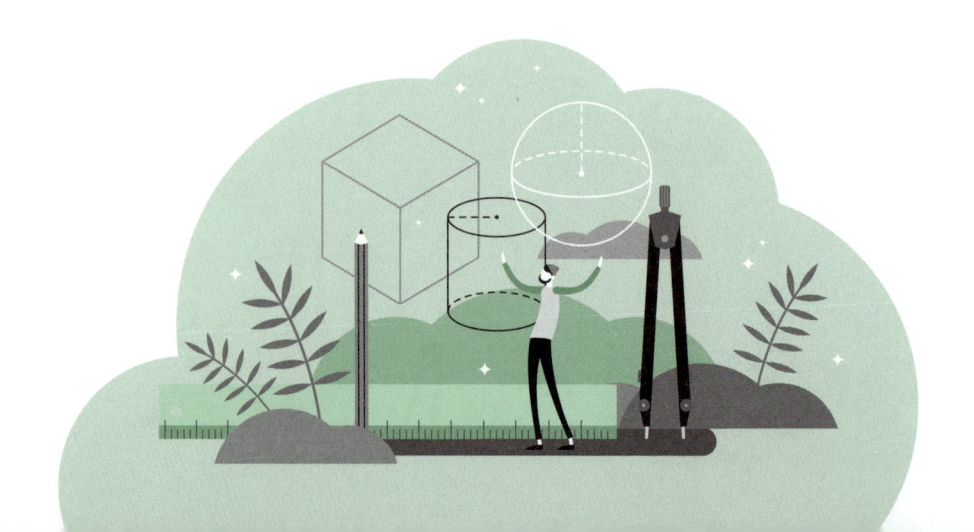